HUAN TAN YU DIQIU TAN BUHUO YU FENGCUN

低碳能源技

Low Carbon Energy Technology

还碳于地球

Returning Carbon to the Earth

——碳捕获与封存

Carbon Capture and Storage

肖钢 马丽 Wentao Xiao 编著

高等教育出版社·北京
HIGHER EDUCATION PRESS BEIJING

内容简介

本书概括性地介绍了二氧化碳捕获与封存（CCS）对于目前缓解全球气候变暖的重要意义；详细分析和介绍了二氧化碳的捕获、运输、封存的机理，以及技术开发、示范工程等；介绍了国际上二氧化碳减排的法律政策以及CCS的潜力等，最后介绍了二氧化碳的综合利用。

本书通俗易懂，内容丰富，适合于能源、化工、二氧化碳减排等领域的大专院校研究生及科技工作者阅读，也可供欲进入这一专业领域者参考。

图书在版编目（CIP）数据

还碳于地球：碳捕获与封存/肖钢，马丽，（丹）肖文涛编著．
—北京：高等教育出版社，2011.8
ISBN 978-7-04-032702-1
Ⅰ.①还… Ⅱ.①肖…②马…③肖… Ⅲ.①二氧化碳-排气-研究 Ⅳ.①X511
中国版本图书馆CIP数据核字（2011）第128774号

策划编辑 刘占伟 责任编辑 刘占伟 封面设计 刘晓翔 版式设计 范晓红
插图绘制 尹 莉 责任校对 胡美萍 责任印制 胡晓旭

出版发行	高等教育出版社	咨询电话	400-810-0598
社　　址	北京市西城区德外大街4号	网　　址	http://www.hep.edu.cn
邮政编码	100120		http://www.hep.com.cn
印　　刷	北京泽明印刷有限责任公司	网上订购	http://www.landraco.com
开　　本	787mm×1092mm 1/16		http://www.landraco.com.cn
印　　张	10.5	版　　次	2011年8月第1版
字　　数	150千字	印　　次	2011年8月第1次印刷
购书热线	010-58581118	定　　价	37.00元

本书如有缺页、倒页、脱页等质量问题，请到所购图书销售部门联系调换

物 料 号 32702-00

作者简介

肖 钢

1984 年毕业于东北大学热能工程系，1992 年获得丹麦技术大学化学系博士学位。著有《燃料电池技术》、《黑色的金子——煤炭开发、利用与前景》、《新能源经济引领新经济时代》、《低碳经济与氢能开发》、《大规模化学储能技术》、《分布式能源综论》、《观澜集》等。目前供职于国有大型能源企业，是英国皇家化学会院士（FRSC）、国际节能环保协会（IEEPA）专家、中国可再生能源学会氢能专业委员会理事、清洁煤技术全国理事会常务副理事长、中国《煤炭转化》杂志理事会常务理事代表、中国二甲醚协会常务理事、北京市重点产业知识产权联盟特聘专家、美国 Case Western Reserve University 客座教授、西北大学客座教授、同济大学客座教授、中科院大连化学物理研究所客座研究员。

作为主要发明人，享有国际及中国授权和受理的专利 180 余项。

马 丽

2004 年内蒙古大学化学化工学院本科毕业，2007 年中国科学院大连化学物理研究所获得工学硕士学位。2007 年参与肖钢博士《燃料电池技术》专著的编写，并与肖钢博士合著了《黑色的金子——煤炭开发、利用与前景》。目前供职于国有大型企业，主要围绕燃料电池技术、新能源汽车技术以及二氧化碳资源化利用与埋存等开展工作。研究领域主要为氢能及燃料电池，对其他清洁能源以及新能源技术也有较多研究。

Wentao Xiao

出生于丹麦哥本哈根，2003 年回到中国。现就读于 Western Academy of Beijing，所学课程涉及化学、物理等学科。在学习过程中非常关注燃料电池、二甲醚、太阳能等新能源及低碳技术的研究进展，曾于 2009 年接受“Beijing Kids”杂志有关资源保护方面的采访。现任 Core（可翼）公司总经理。

常用缩略词对照表

CCS	碳捕获与封存
IEA	国际能源署
EOR	强化石油开采或强化采油
EGR	强化天然气开采
ECBM	强化煤层气开采
IGCC	整体煤气化联合循环发电
NGCC	天然气联合循环发电
PC	粉煤发电（或常规超临界发电）
MEA	单乙醇胺
IPCC	政府间气候变化专门委员会
CDM	清洁发展机制，是《京都议定书》规定的三种灵活机制之一
汇	大气自然吸收二氧化碳，其中土壤、森林或海洋的吸收最为典型
源	任何向大气中释放温室气体、气溶胶或其前体的过程、活动或机制

Foreword

It is widely recognized that clean energy is an area of increasing importance to our world. As one of the leading companies in the catalysis industry, Haldor Topsoe fully shares the view that this world has a clear and compelling need to use our energy resources in new, clean and efficient ways.

I am now 98 years old. With an age difference of 48 years, I have enjoyed a friendship with Dr. Gang Xiao between generations. The Topsoe family has known Dr. Gang Xiao for almost 20 years, since he as a young man began his career with the company many years ago. Right from the beginning I was impressed by his talents and multidiscipline approach and I have always enjoyed his presence, and every time we are together I use the opportunity to learn more about energy systems and the wider world. Since our early encounters Dr. Xiao has developed into a world leading scientist with active knowledge across a broad spectrum of science and technology, including inorganic and organic chemistry, electrochemistry, physical chemistry, and geosciences. His enthusiasm, tremendous passion, and his unique appealing personality have always impressed me very much.

The last time I met him, Gang told me that he had finished writing a series of books on clean energy technologies to the Chinese readers. I am delighted to recommend Dr. Gang Xiao's books to all those interested in the progress and possibilities in the field of clean energy.

Haldor Topsoe

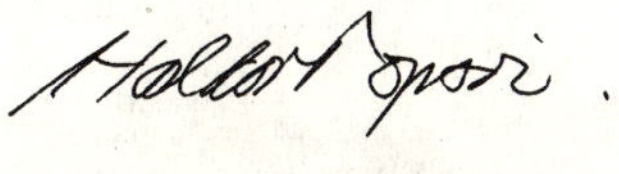

Chairman and Founder

序（译文）

清洁能源对当今世界的重要性正得到人们的普遍认同。作为世界工业催化行业的领军企业，哈尔杜·托普索公司也认为我们的世界正面临一个清晰而紧迫的需求——能源的新型、清洁和高效的利用方式。

我已经98岁，比肖钢博士年长48岁，我们一直是难得的忘年交。大约20年前，年轻的肖钢博士在托普索公司开始他的职业生涯时，托普索家族就了解他并彼此成为好朋友了。从一开始结识，他的才干以及他对多学科知识的驾驭能力便给我留下了深刻的印象。我非常享受与他见面的时光，每次与他见面都是一个让我了解更多能源系统与大千世界的绝妙机会。时光飞逝，从我们结识以来，肖钢博士已经成长为一名世界级的领军科学家。他的科学技术知识面很宽，横跨无机化学、有机化学、电化学、物理化学和地球科学。他的热情，包括做事时巨大的激情以及他独特的人格魅力给人以深刻的印象。

上次见到他的时候，他向我介绍了他正在为中国读者编写的一套清洁能源方面的科技丛书。我非常高兴为这套丛书作序，并借此机会向所有对清洁能源的发展感兴趣的同仁推荐肖钢博士的作品。

哈尔杜·托普索

董事局主席、公司创始人

哈尔杜·托普索先生简介

Haldor Frederik Axel Topsoe（哈尔杜·托普索），1936年毕业于丹麦技术大学（DTU），1940年创立哈尔杜·托普索公司。公司成立70多年来，一直秉承着只有通过应用基础研究才能建立和保持独一无二的催化市场地位的经营理念，现在是世界工业催化领域家喻户晓的领军企业。由于成绩斐然、对社会的贡献巨大，哈尔杜·托普索先生曾被授予诸多国际荣誉，包括丹麦皇室授予的皇家大爵士勋章。

前　言

随着世界工业经济的发展、人口的剧增、人类欲望的无限上升以及生产、生活方式的无节制，世界气候面临越来越严重的问题，二氧化碳排放量愈来愈大，地球臭氧层正遭受前所未有的危机，全球灾难性气候变化屡屡出现，已经严重危害到人类的生存环境和健康安全，即使人类曾经引以为豪的高速增长和膨胀的GDP也因为环境污染、气候变化而“大打折扣”。因此，各国不断呼唤“绿色GDP”的发展模式和统计方式。

一、“低碳”的历程

面对全球气候变化，急需世界各国协同减低或控制二氧化碳的排放。1997年12月，《联合国气候变化框架公约》第三次缔约方大会在日本京都召开。149个国家和地区的代表通过了旨在限制发达国家温室气体排放量以抑制全球变暖的《京都议定书》。《京都议定书》规定，到2010年，所有发达国家二氧化碳等六种温室气体的排放量，要比1990年减少5.2%。2001年，美国总统布什刚开始其第一任期就宣布美国退出《京都议定书》，理由是议定书对美国经济发展带来过重负担。2007年3月，欧盟各成员国领导人一致同意，单方面承诺到2020年将欧盟温室气体排放量在1990年基础上至少减少20%。2012年之后如何进一步降低温室气体的排放，即所谓“后京都”问题是在内罗毕举行的《京都议定书》第二次缔约方会议上的主要议题。2007年12月15日，联合国气候变化大会产生了“巴厘岛路线图”，为2009年前应对气候变化谈判的关键议题确立了明确的议程。

2005年2月16日，《京都议定书》正式生效。这是人类历史上首次以法规的形式限制温室气体排放。为了促进各国完成温室气体减排目标，议定书允许采取以下四种减排方式：

1. 两个发达国家之间可以进行排放额度买卖的“排放权交易”，即难以完成削减任务的国家，可以花钱从超额完成任务的国家买进超出的额度。

2. 以“净排放量”计算温室气体的排放，即从本国实际排放量中扣除森林所吸收的二氧化碳的数量。

3. 可以采用绿色开发机制，促使发达国家和发展中国家共同减排温室气体。

4. 可以采用“集团方式”，即欧盟内部的许多国家可视为一个整体，采取有的国家削减、有的国家增加的方法，在总体上完成减排任务。

二、“低碳”的内涵

低碳经济是以低能耗、低污染、低排放为基础的经济模式，是人类社会继农业文明、工业文明之后的又一次重大进步。低碳经济实质是高能源利用效率和清洁能源结构问题，核心是能源技术创新、制度创新和人类生存发展观念的根本性转变。低碳经济的发展模式，为节能减排、发展循环经济、构建和谐社会提供了操作性诠释，是落实科学发展观、建设节约型社会的综合创新与实践，完全符合党的十七大报告提出的发展思路，是实现中国经济可持续发展的必由之路，是不可逆转的划时代潮流，是一场涉及生产方式、生活方式和价值观念的全球性革命。著名低碳经济学家、原国家环保局副局长张坤民教授认为，低碳经济是目前最可行的、可量化的可持续发展模式。

低碳经济几乎涵盖了所有的产业的领域。著名学者林辉称之为“第五次全球产业浪潮”，并首次把“低碳”内涵延展为：低碳社会、低碳经济、低碳生产、低碳消费、低碳生活、低碳城市、低碳社区、低碳家庭、低碳旅游、低碳文化、低碳哲学、低碳艺术、低碳音乐、低碳人生、低碳生存主义。

三、碳捕获与封存——低碳先锋

在应对气候变化的大环境下，研发和推广低碳技术被视为减少碳排放的重要方法。在各类低碳技术中，碳捕获与封存（carbon capture and storage，下称 CCS）技术被寄予厚望，但同时又饱受争议。

提高能效、发展替代能源（包括可再生能源和核能）和碳捕获与封存技术是最为重要的三种减排手段。根据国际能源署（International Energy Agency，下称 IEA）的研究，在温升 2 ℃的情景下，2020 年、2030 年和 2050 年由提高能效带来的减排量将分别占当年能源相关减排量的 65%、57%和 54%。但由于提高能效技术的“天花板效应”逐渐显现、替代能源资源由易开发逐渐转为难开发等原因，CCS 的减排贡献预计将从 2020 年占总减排量的 3% 上升至 2030 年的 10%，并在 2050 年达到 19%，成为减排份额最大的单项技术。不仅如此，国际能源署在综合分析了各类减排技术的长期成本后认为，CCS 技术的使用可降低总减排成本——如果在不采用 CCS 技术的情况下实现温度控制目标，那么到 2050 年总减排成本将比使用 CCS 技术增加 70%。因此，国际社会对 CCS 的呼声日渐高涨，以欧盟、美国、澳大利亚、英国、挪威为代表的发达国家和地区组织已分别宣布即将开展 CCS 示范项目，并为项目提供资金支持。虽然中国政府尚未制定明确的 CCS 发展战略，但到目前为止，中国无论在技术研发和项目示范上均已取得一定成果。随着国际气候政策逐渐明朗，一旦 CCS 技术开始大规模应用，将会形成很大的市场。除了在中国具有大规模的应用潜力，CCS 技术的潜在市场还包括美国、欧盟、澳大利亚、印度等。如果中国可以提前占领 CCS 技术高地，那么借助于过去 30 年中积累起来的装备制造能力，中国完全可以在未来 CCS 市场中占领一席之地，中国企业也可借此进军国际市场。

目 录

第1章　为什么要进行碳捕获与封存

碳捕获与封存是大范围进行投资组合战略的一部分，而不是全部，目的是大大削减排放到大气中的二氧化碳排放量。在当今世界要求减排二氧化碳的背景下，碳捕获与封存在促进留存煤炭和其他必要的矿物燃料等重要能源供体方面，将会是一个非常有前景的选择。

——2010 碳封存领导人论坛

1.1　减排需求

1896 年，诺贝尔化学奖得主、瑞典化学家阿伦尼乌斯（S. Arrhenius）提出气候变化的科学假设，认为“化石燃料燃烧将会增加大气中的二氧化碳的浓度，从而导致全球变暖”。2007 年，联合国政府间气候变化专门委员会发布了第四次评估报告，认为气候变化归因于人类活动所排放的温室气体的可能性超过了 90% 。2009 年 12 月，《联合国气候变化框架公约》第 15 次缔约方会议暨《京都议定书》第 5 次缔约方会议在丹麦首都哥本哈根落幕，将全球温升控制在 2 ℃以内的目标作为全球共识写入《哥本哈根协定》，至此，全球应对气候变化的任务上升到了前所未有的高度，关于如何快速推广应对气候变化新技术的讨论也趋于白热化。

气候变化是一个复杂且有挑战性的问题，充满了许多变数，没有一个综合全面的解决办法。这就使许多专家认为研发“系列产品/服务”或其“响应范围”是解决气候变化问题的最佳策略。在最具发展前景的潜在气候变化解决方案中，尤其是对于依赖大储量矿物燃料发展的国家，对二氧化碳进行捕获和封存被公认为是最佳的解决办法。

矿物燃料——煤炭、石油和天然气——提供了日常所需的绝大多数能量，尤其是电能，为全球商业、各个行业的再创造及总体生活质量提供了动力。但是这些资源，尤其是煤炭资源，同时也是碳含量最高的能源之一：2006 年，煤炭资源为终端用户提供的能量占世界能源的 1/4 有余，占世界二氧化碳排放量的 40%，图 1. 1 给出了主要国家 2006 年二氧化碳的排放量。

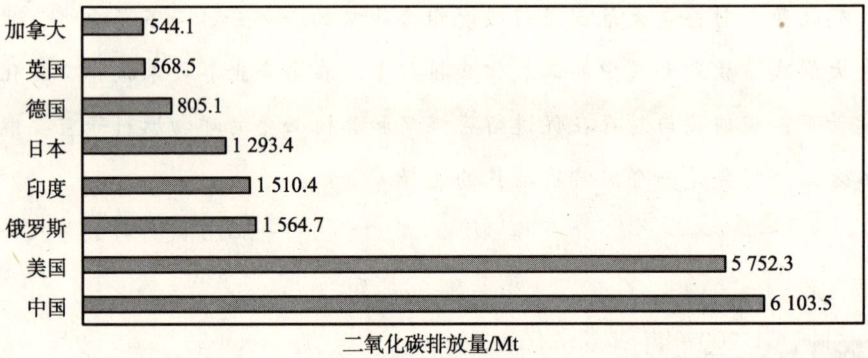

图 1. 1　2006 年主要国家二氧化碳排放情况

更为复杂的是以下这个事实，那就是储量丰富的且人们有能力支付的矿物燃料产品提供的能量一直以来都被认为是促使经济增长的一个重要因素。顶级产煤国家，比如美国、中国、印度、俄罗斯，都拥有丰富的煤炭储量，基于长期市场信息，不可能取代这些国家对矿物资源的依赖。同时，预计发展中国家的经济增长将需要大量的能源，用以满足未来预期的需求，而其中的大部分将要取自于矿物燃料。

许多权威科学家认为，人类活动将过量温室气体（包括二氧化碳）排放到大气层中，这与全球气候变化带来的挑战在统计学上密切相关。预计在发展中国家，有 15 亿或更多的人生活在煤电的环境下，如果建立并落实了以煤炭和矿物燃料为动力来源的输电网，同时不限制二氧化碳的排放，那么在世界范围内，这种温室气体的积聚将会大大增加。

发达国家面临的实际挑战是如何将煤炭资源作为主要电力来源继续使

用，同时还得确保对煤炭资源的依赖能保证经济和环保方面的可持续发展。同样重要的还有哲学性挑战，即在当今要求碳减排的呼声越来越高的世界，这些国家能给出什么样的可行的解决办法和范例，继而发展经济？

很多专家相信，研发一种投资组合方法来应对这些问题是最合适的，且具备潜在高效及可持续应对措施，虽然提高能量效率和加大对可再生资源和核能的利用是该投资组合的重要组成部分，碳捕获与封存仍然是最有前景的解决方法之一，尤其是对于大量依赖矿物燃料的国家来说。该方法的关键之处就在于它能减少当前固定污染源（比如发电厂）的二氧化碳输出量，同时也能避免未来二氧化碳排放到大气层中。

2 ℃温升控制目标的实质是将大气层中的温室气体浓度控制在 450 ppm 二氧化碳当量左右。根据政府间气候变化专门委员会（Intergovernmental Panel on Climate Change，下称 IPCC）和国际能源署（International Energy Agency，下称 IEA）等机构的预测，在 450 ppm 情景中，全球与能源相关的二氧化碳年排放量要在 2020 年前达到峰值 390 亿吨，随后在 2030 年下降至 264 亿吨，比 2007 年下降 27 亿吨，比基线情景（政府对二氧化碳排放不作除现有政策外的额外干预）中 2030 年的水平低 138 亿吨；另外，对应的 2020 年排放水平为 307 亿吨，比基线情景中 2020 年的排放量低 38 亿吨。模型预测也同时表明，采取减排行动的时间越晚，后期减排压力和投入将越大。

1.2 什么是碳捕获与封存

二氧化碳是矿物燃料在氧化或燃烧过程中释放能量时所产生的一种副产品。控制二氧化碳的排放要比控制其他气体的排放困难得多，原因就在于作为氧化或燃烧的主要产物，必须清除的二氧化碳的数量要比煤炭燃烧过程中产生的诸如二氧化硫（SO_2）和氧化氮（NOx）之类的其他副产物的数量多很多。

二氧化碳捕获与封存（carbon capture and storage，下称 CCS）技术的雏

形是20世纪70年代在美国兴起的用二氧化碳进行驱油以提高石油采收率（enhanced oil recovery，下称EOR）的技术，经过近40年的发展，已逐渐成为在气候变化背景下控制温室气体排放的重要手段。根据IPCC《二氧化碳捕获与封存——决策者摘要和技术摘要》所述，CCS技术是指将二氧化碳从工业或相关能源产业的排放源中分离出来，输送并封存在地质构造中，长期与大气隔绝的一个过程。

CCS包含的技术环节如图1.2所示：

（1）有效捕获来自工业厂房或发电厂的二氧化碳；

（2）压缩和运输二氧化碳；

（3）通过将二氧化碳永久地注入合适的地下某一位置的方式，将二氧化碳封存在地层的技术群组。

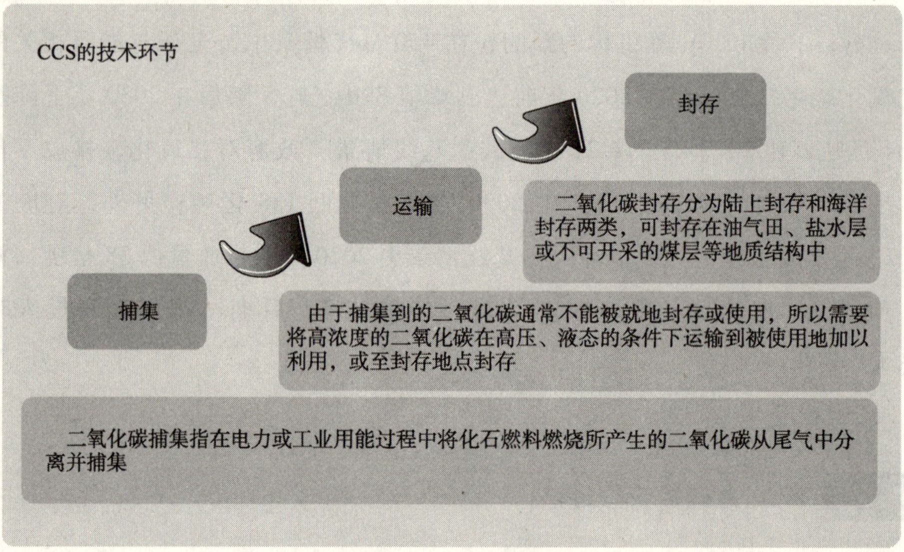

图1.2 CCS的技术环节

CCS的一项主要应用是减少矿物燃料发电厂的二氧化碳排放量，主要针对以煤炭和天然气为燃料的厂房。不过，CCS也能应用于二氧化碳含量高的行业，比如水泥、钢铁、化工、石油和天然气处理等。

地层封存的方式很多，包括：

（1）当前用来提高石油采收率的废弃和衰退的油田；

(2) 废弃的天然气田;

(3) 地下深处的含盐层, 世界上大部分地层都是此类地层;

(4) 其他有效的地质层, 比如玄武岩层;

(5) 不可开采的煤层, 这些煤层可通过置换煤炭中的甲烷增加天然气的供应量。

图1.3给出了CCS的过程示意图, 可以看出CCS是一个系统工程, 需要各方面的协同工作。同时它更是一个体系, 每一个环节都会影响整个体系的正常工作, 只有让CCS这一系统工程有机运作, 才能减少温室气体的排放, 让地球家园的绿色可以持续更长时间。

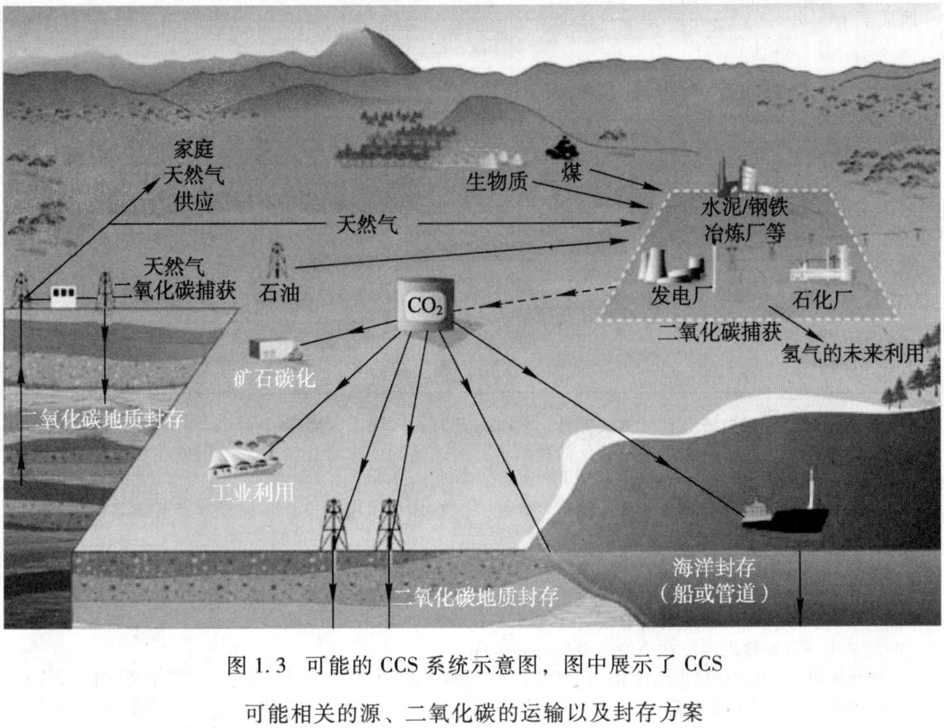

图1.3 可能的CCS系统示意图, 图中展示了CCS可能相关的源、二氧化碳的运输以及封存方案

表1.1则给出了目前CCS技术的各部分分支的成熟性。CCS目前尽管有很多优点, 但就技术本身而言还存在成熟度的问题, 需要更多的人去发展完善。后文中会对各个分支技术进行具体介绍。

表 1.1 当前 CCS 系统各部分的成熟性

CCS 组成部分	CCS 技术	研究阶段[a]	示范阶段[b]	特定条件下经济上可行[c]	成熟的市场[d]
捕获	燃烧后			×	
	燃烧前			×	
	氧燃烧		×		
	工业分离（天然气加工、氨的生产）				×
运输	管道				×
	船舶			×	
地质封存	强化采油（EOR）				×[e]
	气田或油田			×	
	盐体构造			×	
	强化煤层气开采（ECBM）[f]		×		
海洋封存	直接注入（分解型）	×			
	直接注入（湖泊型）	×			
矿石碳化	天然硅酸盐矿物	×			
	废弃物		×		
二氧化碳的工业利用					×

注：×表示每个部分最高程度的成熟性，各部分都存在一些不太成熟的技术。

a 研究阶段是指已认识的基础科学，但技术目前尚未达到概念设计阶段，或仍处在实验室或小规模的试验阶段，尚未在试点厂中进行示范。

b 示范阶段是指技术已经形成并在试点厂使用，但在该技术用于设计和建设整套系统之前仍需进一步开发。

c 在特定条件下经济上可行是指对一种技术已有充分的了解，并在选定的商业应用中（例如，在一个奖励性税收体系中或在一个有商机的市场上）使用，或者该技术的加工能力已达到每年 0.1×10^6 t 二氧化碳的量级，该技术的推广数量有限（少于 5 个）。

d 成熟市场是指技术现已在全世界多处投入运行。

e 强化采油是一项成熟的市场技术，但当用于二氧化碳的封存时，它才是“在特定条件下经济上可行”。

f 强化煤层气开采是通过煤对二氧化碳的偏好吸收，利用二氧化碳强化回收不可采煤床中的甲烷。不可采煤床永远不可能开采，因为煤层太深或太薄。如果日后开采，封存的二氧化碳则会释放。

1.3 碳捕获与封存的减排优势

国际社会普遍观点认为，没有哪种单项技术能解决气候变化问题，应对气候变化需要的是一套综合的解决方案，其中既包括新技术的开发和应用，也包括新型管理体系的探讨和建设。

1.3.1 碳捕获与封存巨大的减排潜力

从减排潜力上看，各项与能源相关的减排技术中以提高能效最为重要，其次是替代能源（包括可再生能源和核能）和碳汇。如图 1.4 所示，根据 IEA 的研究，在 450 ppm 的情景下，2020 年、2030 年和 2050 年由提高能效带来的减排量将分别占当年能源相关减排量的 65%、57% 和 54%。但由于提高能效技术的“天花板效应”的逐渐显现，替代能源资源由易开发向难于开发的逐渐转化等原因，CCS 的减排贡献必然逐步增加，从 2020 年占总减排量的 3% 上升至 2030 年的 10%，并在 2050 年达到 19%（见表 1.2）。

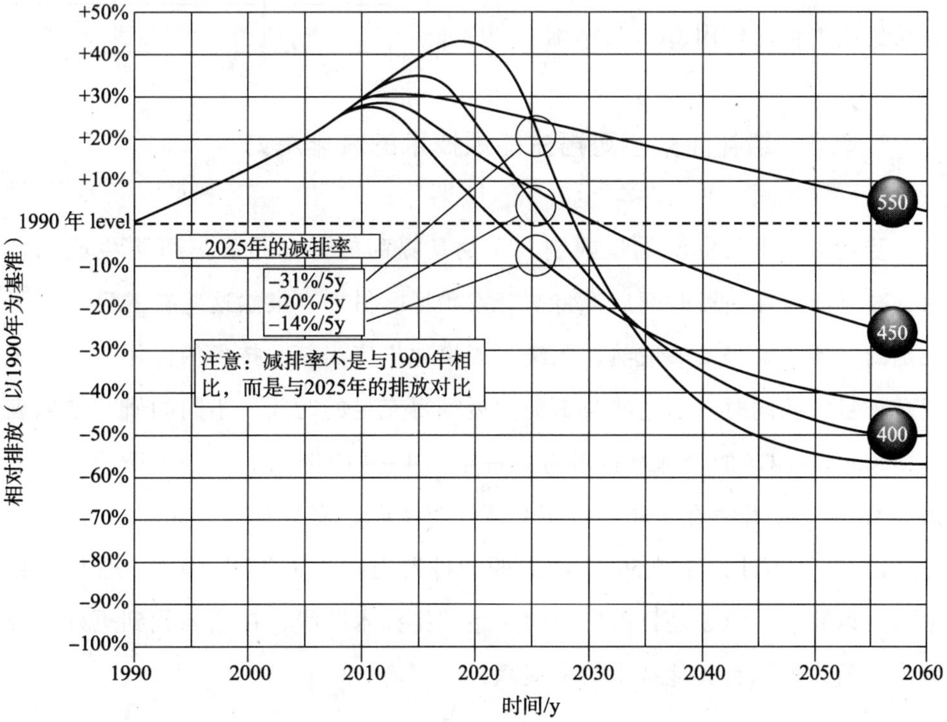

图 1.4　450 ppm 情景下全球温室气体排放量下降曲线

表 1.2　各技术减排量占当年能源相关减排量的百分比　　　(%)

技术 \ 年份	2020	2030	2050
提高能效	65	57	54
替代能源和碳汇	19	23	21
核能	13	10	6
CCS	3	10	19

1.3.2　长期减排成本低廉

按目前的技术水平，CCS 与能效、替代能源和碳汇等技术相比，不具有成本优势；但是从长期来看，CCS 的减排成本可能低于预期。IEA 在综合了各类减排技术的长期减排成本后认为，CCS 可能是长期成本最低的一项减排技术。如果在不采用 CCS 技术的情况下实现温度控制目标，那么到 2050 年总减排成本将比使用 CCS 技术增加 70%。

1.3.3　填补能效和可再生能源技术的减排潜力

受技术水平和资源储量限制，无论是提高能效还是发展可再生能源技术，减排潜力在一段时间后都将被开发殆尽。另外，虽然这些技术已得到了长足的发展，但仍不够成熟，无法大规模地推广。CCS 技术的使用，能在实现减排目标的同时，为这些技术的发展赢得充足的时间。不同的研究结果表明，2030 年 CCS 的全球减排潜力在每年 1.4 ~4 Gt 不等，其中，斯特恩博士预计 CCS 减排潜力在 1.4 Gt，IEA 预计为 4 Gt，麦肯锡与 Vattenfall 预测为 3.5 Gt；IEA 预计，在 2050 年 CCS 的减排潜力约为每年 10 Gt。不管哪种数据都告诉我们，CCS 是目前可行的一条减排技术路线，在还未找到更好的减排方式前，可以为其他技术的发展赢得时间。

1.4 碳捕获与封存对公用事业和能源企业的启示

1.4.1 在低碳经济中取得卓越绩效需要马上采取行动

大量投资于燃煤和燃气发电的能源企业有必要尽早采用 CCS 技术提前应对脱碳问题，或制定其他脱碳计划。企业需要运用商业思维来推动这一新兴技术，证明 CCS 不仅是越来越重要的技术，也是一个新兴的市场。企业需要有一个如何参与市场的清晰的战略计划，同时开发与整个能源行业合作的潜在机会。在未来，CCS 很有可能成为整合发电技术、公共事业资产以及上游石油部门的勘探和生产的动力。

即使能源公司决定投资 CCS 技术，确定投资额以及投资时间也是一个复杂的过程。行业领先者会在多个层面作出决策，采取创新性的投资评估技术。在这个动荡的、资本密集型产业中，仅仅运用标准的折现分析显然不够，管理者会转向以更低投资成本来增加正向净现值。行业的领先者应该了解这种特殊的背景并采用适当的决策辅助工具。能源公司还可采用更灵活的做法，即进行实际选择分析，决策层在临界点建立一个决策模型，考虑各种变化（如碳价格变动或 CCS 的需求等），在此基础上对投资收益进行重新评估。

1.4.2 对公共事业和能源公司的建议

针对在低碳经济中如何实现高绩效的问题，基于前面对 CCS 市场前景的推测，给出如下建议，仅供公共事业和能源公司参考：

1. 建立内部碳排放审查制度并评价可替代的低碳技术

由于受到排放限制，能源生产企业需要评估碳成本对于企业利润的潜在影响，需要考虑的内容包括二氧化碳排放量、未来的发电结构、资产的地区分布和所处的监管环境，了解二氧化碳对公司业务的潜在影响。这项分析评估还包括 CCS 技术和其他低排放的替代技术，企业需要确定哪些技术最适合企业战略。通过分析评估，企业可以确定如何最大限度地提高自身的竞争优势。

2. 了解 CCS 的能力和潜在的合作伙伴

碳排放量巨大的公司最好建立一套 CCS 处理能力的基准线，例如明确适宜的二氧化碳存储地点，评估公司对 CCS 技术的认知和接受程度。同时，了解一些在投资 CCS 技术上具有互补性技术、资产和合作意向的公司也是有好处的。

3. 帮助推进 CCS 的监管和金融体制

能源企业应利用其对政府和监管机构的影响力，帮助推动 CCS 发展，并为 CCS 技术提供足够的支持。例如，在英国，企业应该与能源和气候变化部一起努力，促进 CCS 市场的发展，并鼓励发展其他的融资机制。

4. 采用适当的工具，为 CCS 的投资决策提供正确而全面的支持

能源企业应设法利用投资分析工具，考虑技术风险，例如，投资什么项目可以使得企业平衡技术和监管因素。

5. 投资和学习

企业应该寻找机会，领导或参加 CCS 的试点和示范项目，帮助推动技术发展，建立内部智库，并根据市场的变化随时发现潜在的商业机遇。

6. 关注 CCS 的临界点

卓越绩效企业，特别是发电企业，应该积极主动地关注 CCS 监管环境的变化，了解联合国气候变化会议的讨论结果，以及任何重要的新政策，同时跟踪 CCS 技术进展，以确保公司在变化中保持灵活并可积极应对。这样做既有助于企业在低碳经济中实现卓越绩效，又有助于各国提升基础工业。此外还可以帮助国家引导 CCS 关键技术的发展，在低碳经济的政策创新之路上处于领先地位。

1.5 碳捕获与封存的市场前景

这一节简单分析一下 CCS 的市场前景。若所有技术和管理的不确定性

得到解决，CCS 技术将首先在欧洲、北美和澳大利亚形成市场，并经历三个阶段的演变——从示范到全球商业化。

可将 CCS 看成一个商业机会。当金融和监管体系到位之时，CCS 将实现市场化，并成为各路资本追逐的目标，行动迅速的公司或国家将处于技术的最前沿，从而在世界范围减少二氧化碳的排放量。

作者预计 CCS 的市场将有三个演变阶段，以监管、经济和技术的临界点作为标志。市场的发展方向将由实际情况和政策的情况所决定，例如，排放源的类型及其相对于存储地点的位置，常规电厂的特性（如使用年限），以及有利的地方法规和法律制度等（如图 1.5 所示）。

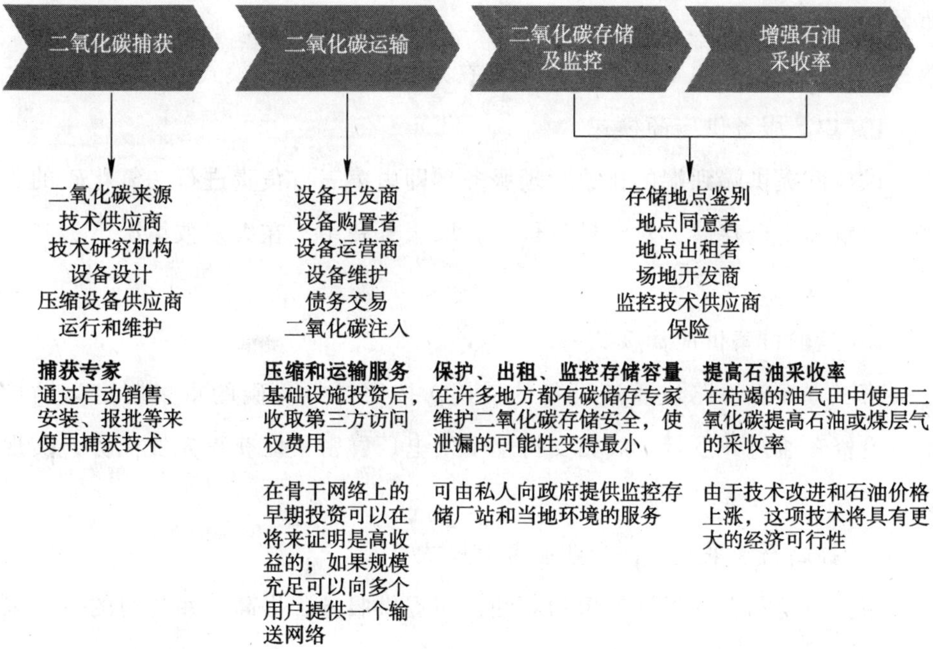

图 1.5　CCS 产业链和各个阶段的商业模式

1. 第一阶段

由于法律制度越来越有力，并且排放源和潜在存储地点比较接近，这一阶段着重于欧洲、北美和澳大利亚的发电机组。在欧洲和北美有大约 95% 的排放源在 500 km 内有存储地点，而在中国和印度只有 60%。此外欧洲有很大一部分潜在的存储容量在枯竭油气田中，具有潜在的强化采油附加值。这一阶段的目标是做大范围示范，主要通过政府的资助、贷款担保、税收减免等对项目提供支持。到 2015 年，欧盟将有 12 个示范项目，美国有 10 个潜在项目。作为一个萌芽阶段，它将建立适合 CCS 技术的具体的立法和监管框架，并可以推广到其他地区。

2. 第二阶段

第二阶段是指 CCS 从示范过渡到商业化，通过实行区域排放总量限制和建立碳交易体制，形成合理的碳价格，使得相对于排放来说，存储二氧化碳更具经济性的“价格临界点”。这个临界点表明，CCS 由技术发展成为市场，通过减少成本而产生收益，是切实可行的。通过投资分析，确定临界点的大致时间并培养技能，这对于公司挖掘 CCS 市场潜能来说是至关重要的。

可以预计在新的 CCS 产业链中存在几种可行的商业模式，包括：

1）CCS 服务供应商模式

供应商提供端到端的排放管理服务，即由第三方负责进行二氧化碳的收集、运输和安全存储，对于排放价格收取服务费用。在大多数情况下，其商业价值为数亿美元。

2）运输设备供应商模式

第三方提供铁路或管道设备的使用，按照二氧化碳的重量制定运输价格。投资者通过开发骨干线路支持一个发电厂群密集区获得先发优势，实现规模经营。

3）提高石油采收率的专业服务商模式

服务商向拥有枯竭油气田的石油公司提供服务，提高这些公司的石油采收率。

在 CCS 市场的发展过程中，技术的进步和规模经济的实现都将有助于降低实施 CCS 的成本。显著的成本优势最有可能在能够实现规模发展和设备共享的地区实现，比如德国鲁尔地区这样的重工业区域。除了新商业机会的前景，第二阶段也包括了监管机制，以帮助 CCS 在发达地区发展并向发展中地区传播，例如清洁发展机制或其继任机制。当前，相对于欧洲、北美和澳大利亚，新兴市场在清洁技术的发展及商业化方面还有很大的空间与潜力，很可能成为 CCS 的未来客户群，例如，中国在 2006 年，平均 4 天就新建一个燃煤电厂。

3. 第三阶段

最后一个阶段，以 CCS 从地区发展到全球应用为标志，即早期发展的国家成功地输出技术，全球的监管框架建立了碳排放价格，发展中国家大规模地使用该技术。这一阶段会看到各种存储方式付诸使用，增加对盐水层的地质研究，确定存储地点和最大容量，增加采收率等。在这一关键阶段，全球的二氧化碳减排水平将显著地提高。

第2章　二氧化碳捕获的可行性

“新的或改进的二氧化碳捕获技术，若与先进的电力系统和工业流程设计相结合，可大大降低未来二氧化碳捕获的成本。”

——联合国政府间气候变化专家组

2.1　二氧化碳捕获概述

二氧化碳捕获技术既不新颖也不独特——在工业领域，此项技术一直被用于去除气流中的二氧化碳或者分离出二氧化碳作为气体产物。在气候变化辩论中，令人感到新奇的是，为减少人为的大气二氧化碳排放在现有和新兴技术整合和优化方面所作的研究。碳捕获与封存（carbon capture and storage，下称 CCS）是矿物燃料的二氧化碳排放物的捕获、运输和封存三方面技术的结合。

碳捕获过程在石油、化学和电力工业的应用已有几十年的历史。采用当前技术在典型的发电厂捕获全部或3/4二氧化碳，需要比一般设备大出许多数量级的设备——高成本、高耗能的选择。

如今全球有多个大型经营性项目，这些项目与无数的小型设施一同展示了碳捕获过程的特定要素。目前，全世界有40多个筹划研究和商业化运作项目。

所有这些都证明，CCS——二氧化碳减排在技术上是可行的。然而，配备 CCS 技术且处于运营中的充分整合型商业化发电厂并不存在。因此，需要继续进行研究，积极促进二氧化碳减排技术的发展，并且在新兴和现有发电厂中应用具有成本竞争力的 CCS 技术。

2.2 碳捕获技术的概念与应用领域

捕获是 CCS 技术的第一步。二氧化碳在运输和封存时需要以较高的纯度存在，而在大多数情况下工业尾气中二氧化碳的浓度达不到这个要求，所以必须从尾气中将二氧化碳分离出来，这一过程称为二氧化碳的捕获。

图 2.1 给出主要的捕获流程和系统的示意图。所有流程都需要有从大量气体（如烟道气体、合成气体、空气或未加工的天然气）中分离出二氧化碳、氢气或氧气这个步骤。这一分离步骤可以通过物理或化学溶剂、过滤膜、固体吸附剂来完成，或者通过低温分离实现。具体捕获技术的选择在很大程度上取决于其投产所需的加工条件。目前电厂中使用的燃烧后和燃烧前系统可以捕获其产生的二氧化碳的 85% ~95%。达到更高的捕获效率是可能的，但分离装置会变得相当大，需要的能量更多，成本也更高。与同等的未采用捕获技术的电厂相比，捕获和压缩需要的能量大体上要高出 10% ~40%，

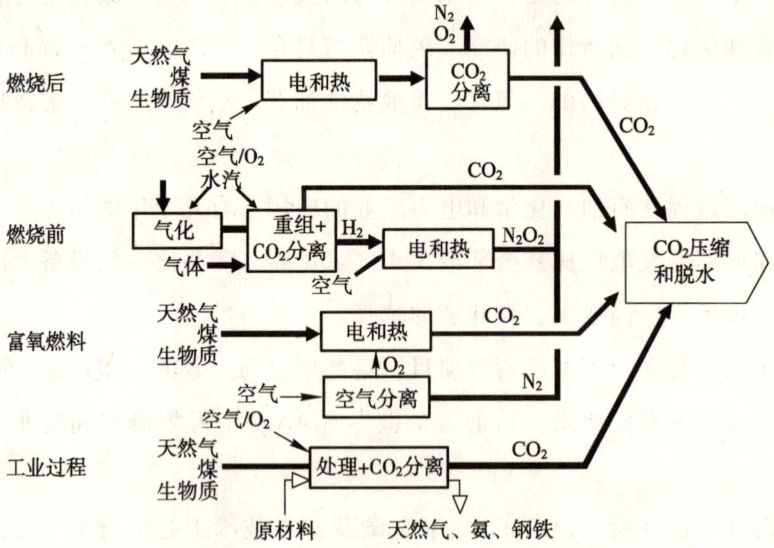

图 2.1　二氧化碳捕获流程和系统概况

这将取决于系统的类型。通常，二氧化碳的净捕获量大约为 80% ~90%。理论上，氧燃料系统几乎可以捕获所产生的全部二氧化碳，但由于需要增设气体处理系统以清除污染物，如硫和氮氧化物，因而降低了二氧化碳的捕获水平，可以达到的捕获量稍高于 90%。

电力行业是 CCS 技术应用的主要领域。化石燃料燃烧释放的二氧化碳是最主要的温室气体来源，其中发电行业的排放量占比最大。2007 年，中国发电行业排放的二氧化碳约 28 亿吨，一座中等规模（400 ~600 MW）的燃煤发电厂每年排放的二氧化碳在数百万吨。发电行业具有能耗高、二氧化碳排放量大且集中等特点。与汽车尾气和居民生活排放的二氧化碳相比，这种来源固定、量大且集中的二氧化碳排放方式更易于统一处理。在世界范围内，发电行业是 CCS 技术应用的主要领域。

煤炭的综合利用是 CCS 应用的另一重要领域。中国是富煤国家。在中国发展 CCS，应该首先考虑与煤炭的利用相结合。在煤炭开采和利用的全生命周期中（图 2.2），不仅燃煤电厂会释放出二氧化碳，煤炭开采前、开采中以及加工利用和转化的各个环节也都将产生二氧化碳以及温室效应更大的

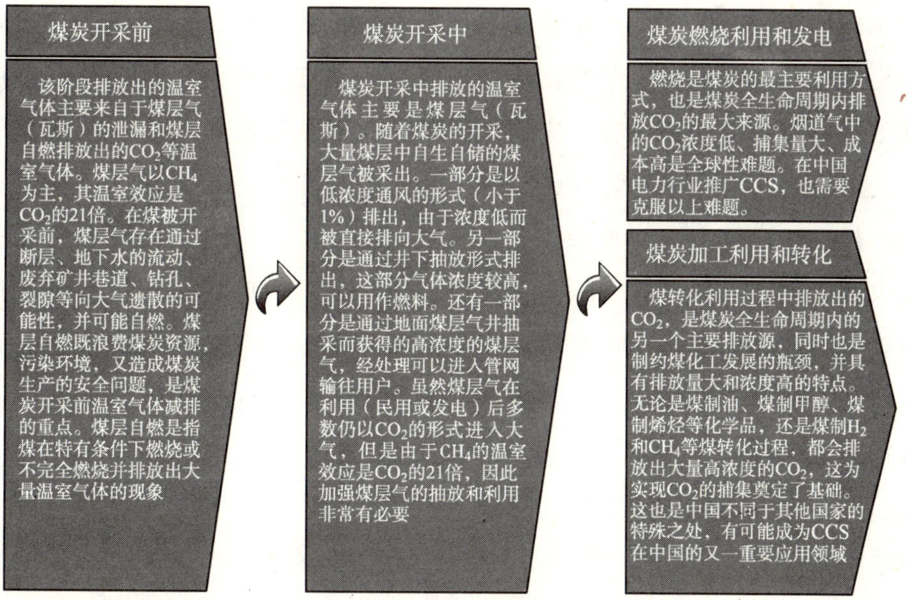

图 2.2　煤炭开采和利用的全生命周期排放

煤层气（主要成分是甲烷气体，其温室效应是二氧化碳的21倍）。通常，这些过程会产生以高浓度形式存在的副产品二氧化碳，对其进行捕获所需要耗费的能量将低于对燃煤电厂的二氧化碳的捕获。因此，如果能实现从煤炭开采到煤炭综合利用的全生命周期的清洁化，那么比单纯地捕获煤炭燃烧所产生的二氧化碳更符合中国国情。同是使用煤炭的国家，美国只有两三家煤转化工厂，日本只有一家，而中国已有上千家煤转化工厂。与煤转化领域的结合，可能是中国发展 CCS 的一大特点。

2.3 二氧化碳捕获技术

2.3.1 二氧化碳捕获技术的特点和发展现状

根据捕获机理的不同，二氧化碳捕获技术可以分为化学吸收、物理吸收、物理吸附、膜分离、深冷分离等若干类别，在应用时需要根据二氧化碳排放源的实际特点和参数等进行捕获方式和设备的选择。在几种主要的捕碳技术中，化学吸收和物理吸收方法相对来说是最成熟的，在化工行业已经得到了广泛的应用。另外，我国业已建成的三套煤粉电厂烟气燃烧后的捕获示范装置也都是采用了化学吸收捕获方式，只不过捕获的规模都比较小（规模最大的为 10^5 t/y），尚未达到大幅减碳的规模要求，而且还面临着一定的技术放大和成本降低的问题。除化学吸收和物理吸收方法外，物理吸附法、膜分离法和深冷分离法技术迄今尚未成熟，基本还处于概念验证或是小型试验阶段，尚有许多技术细节及问题有待解决。

由于所利用的捕获原理不同，各种捕获技术的性能特点也各不相同，因此适用场合也有所差别。目前，一般的共识是，对于二氧化碳分压低的烟气，宜采用捕获能力强的化学吸收方法；对于二氧化碳分压高的烟气，可以考虑使用捕获能耗低的物理吸收法。至于另外三种主要的捕获方法，由于其尚未完全成熟，所以仍无法准确地判断其各自的适用场合。表 2.1 对各类二氧化碳捕获方法的特点和现状进行了对比。

表 2.1 各类二氧化碳捕获方法的对比

	化学吸收	物理吸收	物理吸附	膜分离	深冷分离
工作原理	利用某些化学试剂能够与 CO_2 反应生成化合物的性质捕获 CO_2	利用 CO_2 在某些物理试剂中的溶解度远大于其他组分的特点捕获 CO_2	利用某些材料（如活性炭等）对 CO_2 具有选择吸附性的特点实现捕获	利用特定尺寸通道的膜材料对 CO_2 分子具有选择透过性的特点实现捕获	利用烟气中不同组分具有不同沸点的特点实现捕获
发展状态	基本成熟，已有工业示范，装置规模小	基本成熟，尚无工业示范	仍不成熟，处在概念验证和小型试验阶段		
适用场合	CO_2 浓度/分压低的场合，如燃煤电厂、水泥厂、钢铁厂的烟气捕获等	CO_2 浓度/分压较高的场合，如 IGCC 电厂、天然气/煤化工厂等	—		

一般来说，实施二氧化碳捕获主要会造成如下几方面的影响：① 任何一种捕获过程都需要消耗可观的能量，造成实施捕获的生产企业的能源消费量大幅上升；② 在应用化学吸收、物理吸收等方法实施捕获时，生产企业的水耗一般都会出现较大幅度的上升；③ 在实施捕获后，除二氧化碳排放量降低外，生产企业的其他环境排放也会发生变化，如硫化物、氮化物、颗粒物等。

2.3.2 几类主要的二氧化碳捕获系统

要实现对烟气中的二氧化碳捕获的目的，需要对二氧化碳排放源进行技术改造，安装二氧化碳捕获系统。通常来说，根据在化石能源生命周期各过程中捕获二氧化碳的位置不同，可将适用于电厂的捕获技术分为“燃烧后捕获”、“燃烧前捕获”和“富氧燃烧”三种。这几类二氧化碳捕获系统的工作流程如图 2.1 所示。

燃烧后捕获是指，在燃烧设备（锅炉、燃气机等）的烟气中捕获二氧化碳。但由于电厂尾气中二氧化碳浓度通常介于 3% ~13%，而适合低浓度二氧化碳分离的化学吸附工艺需要消耗较多的中低温饱和蒸汽以用于吸附剂再生，导致系统效率损失。

燃烧前捕获是指，利用煤气化或天然气重整可以将化石燃料转化为主要成分为一氧化碳和氢气的合成气，进一步通过水煤气变换反应可以将合成气中的一氧化碳转化为二氧化碳和氢气，最后将二氧化碳分离出来。这一捕获方法称为燃烧前捕获或燃料气捕获。

富氧燃烧是针对常规空气燃烧会稀释的缺陷所提出的纯氧燃烧的氧气/二氧化碳循环概念。氧气/二氧化碳循环采用纯氧作为氧化剂，燃烧产物主要为二氧化碳和水，通过透平膨胀和余热锅炉放热后剩余的二氧化碳的浓度约为 80%，易于分离。

各种捕获方法有其不同的适用场合：燃烧后捕获可以用于煤粉电厂烟气、水泥厂烟气、钢铁厂烟气等的捕获；燃烧前捕获可以用于涉及煤炭气化的整体煤气化联合循环（IGCC）发电厂、基于煤基合成气的煤化工厂等的捕获；富氧燃烧技术可以用于现有化石燃料燃烧装置的技术改造，将这些装置由空气助燃改造为氧气助燃，从而实现二氧化碳捕获。

燃烧前捕获技术在煤化工行业已经有了广泛的应用，只是规模较采用商业化捕获装置的要小一些。另外，我国绿色煤电公司正在天津建设的 250 MW 整体煤气化联合循环发电厂，就计划在建成之后实施二氧化碳的燃烧前捕获。富氧燃烧技术的发展相对滞后一些，迄今世界范围内只有德国的黑泵电厂建成了一座 30 MW 的示范装置。

无论是适用范围、效率损失、成本，还是技术发展阶段，都各有优劣，目前尚难以确定大规模推广 CCS 时采用何种方法，需要在前期的示范项目中进行实证研究。根据中国科学院工程热物理研究所的模型研究结果，几种碳捕获技术的特征如表 2.2 所示。

表 2.2　碳捕获技术比较

属性＼技术	适用电厂类型	效率损失	成本（美元/t）	中国所处发展阶段	其他
燃烧后捕获	煤粉电厂	蒸汽循环有效输出有约 20% 的功损失，系统热转功效率下降 8% ~13%	29 ~ 51	研发和小规模示范	可以从已建成的电厂排气中回收 CO_2，无需对动力发电系统本身作太多改造，几乎可以适用于所有类型电厂，其优势在于可移植性较好
燃烧前捕获	IGCC 电厂	在 IGCC 电厂中，燃烧前 CO_2 分离过程可以采用物理吸收工艺，其能量利用效率通常高于化学吸收，因此采用燃烧前捕获的动力发电系统热转功效率通常只下降 7% ~10%	13 ~ 37	研发	CO_2 分离是在燃烧过程前进行的，燃料气尚未被氮气稀释，待分离合成气中的 CO_2 浓度可以高达 30% 以上，分离能耗相对于燃烧后捕获有所下降
富氧燃烧 O_2/（O_2 循环）	煤粉电厂	O_2/CO_2 循环中，CO_2 分离耗能为零，但却将分离耗功转移到了氧气生产过程。比具有相同技术水平的常规 IGCC 系统要低 7% 以上，能耗仍然较高	21 ~ 50	研发	采用纯氧作为氧化剂，燃烧产物主要为 CO_2 和 H_2O，经透平膨胀和余热锅炉放热后剩下浓度约 80% 的 CO_2，很容易通过压缩液化加以分离，几乎没有 CO_2 分离能耗。O_2/CO_2 循环比常规 IGCC 系统的耗氧量高约 2.6 倍，分离氧气仍需耗费大量能源

2.4　二氧化碳捕获原理和性能

根据分离原理的不同，二氧化碳捕获技术可以分为化学吸收、物理吸收、物理吸附、膜分离和深冷分离几大类，各类技术的特点和发展状态也不相同。下面将分别详细介绍各类二氧化碳捕获技术的机理和流程、核心部件、主要性能特点等。

2.4.1 化学吸收法

2.4.1.1 机理和流程

化学吸收二氧化碳是利用化学试剂与二氧化碳之间的化学反应将二氧化碳从烟气中分离出来的方法。参见图 2.3，化学吸收分离二氧化碳是由一系列复杂的步骤实现的。

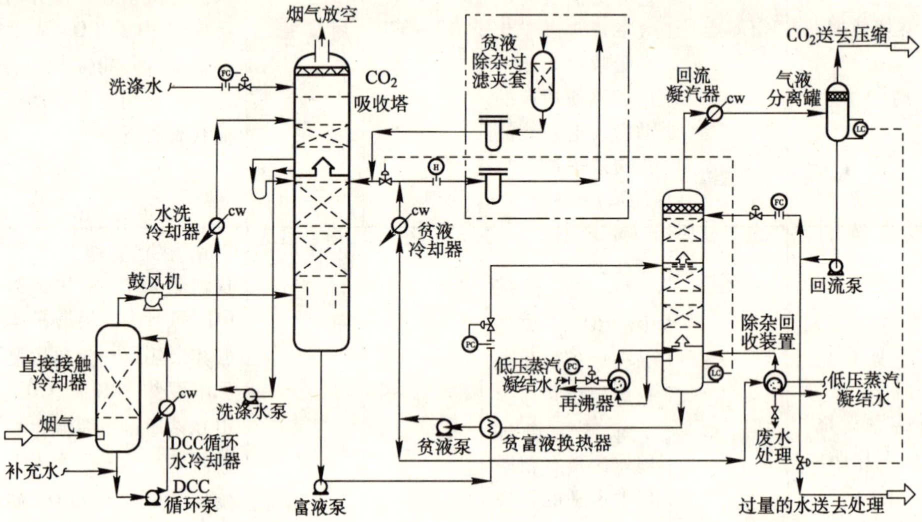

图 2.3　化学吸收二氧化碳系统的详细流程图

1. 烟气精脱硫

由于煤炭中通常都含有一定量的硫元素，因此在常规煤粉发电锅炉、水泥窑炉等产生的烟气中除含有大量的氮气、二氧化碳和水蒸气成分外，大都还含有一定量的二氧化硫（SO_2）。二氧化硫是重要的大气污染物。另外，二氧化硫会与化学吸收试剂发生不可逆的化学反应，生成热稳定的盐，造成吸收剂的损耗，同时热稳定盐还会在系统中不断积累，堵塞管路系统，所以需要捕获二氧化硫。工业上常用 FGD（flue gas desulfurization）装置脱硫。

FGD 单元的脱硫效率一般可达 98%，从 FGD 单元流出的烟气的含硫量一般为 38 ppm，这已经能够达到大气排放的标准，但是仍无法满足减少吸收剂损失的要求，需要将烟气含硫量进一步降低到 10 ppm。因此在 FGD 单元之后，还需要设置精脱硫环节。经过 FGD 和精脱硫两套装置的处理之后，烟气才能够进入到化学吸收捕获单元。

2. 二氧化碳吸收

脱硫后的烟气从底部进入到二氧化碳吸收塔，而后沿塔向上流动。同时，化学吸收试剂贫液从塔顶喷射到塔中，向下流动，烟气和吸收试剂逆流接触。在此过程中，二氧化碳通过与化学试剂之间的反应被吸收，从而实现二氧化碳和烟气中其他组分的分离。二氧化碳与化学试剂之间的反应是放热反应，低温对吸收有利，所以进入吸收塔的烟气一般需降温至 50 ℃ 左右。化学吸收的二氧化碳分离效率可达 90%。吸收二氧化碳后的吸收剂富液从吸收塔底被泵出。捕获了二氧化碳后的烟气作为尾气从吸收塔顶排入大气。

由于机械夹带或挥发等原因，捕获尾气中不可避免地会含有一定量化学吸收试剂蒸气。为尽量减少由此导致的吸收试剂损失，同时减少环境污染（吸收试剂本身通常都是大气污染物），二氧化碳吸收塔顶一般设置水洗装置。在水洗装置中，捕获尾气与循环水蒸气直接接触，在此过程中尾气中绝大部分的化学吸收试剂蒸气都被循环水蒸气吸收，而后尾气被排放到大气中。而吸收了化学试剂的循环水蒸气则被送回二氧化碳吸收塔。

3. 化学吸收试剂再生

从吸收塔底部流出的富液首先被送往贫富液换热器，在此与来自吸收剂再生塔的热贫液换热，而后被送往再生塔。富液一般从再生塔的顶部被喷入塔中，并沿塔体向下流动。在此过程中，富液被同时喷入塔中的大量低温蒸汽加热，二氧化碳与化学试剂反应生成的化合物受热分解，二氧化碳被释放，从而实现了二氧化碳的分离和吸收试剂的再生。为保证吸收试剂充分再生，再生塔的工作温度一般在 100 ~ 140 ℃ 范围内。为保证再生塔的塔底温度达到吸收剂再生的要求，再生塔的底部一般设置有蒸汽再沸器。

再生过程得到的二氧化碳与部分水蒸气形成热湿蒸汽，由于其夹带作用以及吸收剂的挥发，热湿蒸汽中也会含有少量的吸收剂蒸气。为减少吸收剂和水蒸气损失，在再生塔顶设置冷凝回流器，热湿蒸汽在其中被部分冷凝后送往回流罐，在回流罐中二氧化碳和水（含有少量吸收剂）得到分离。分离的水一部分被作为补充水送到二氧化碳吸收塔的水洗段，另外一部分则被作为回流送回到分离塔中。考虑到再生流程中的水损耗，在再生塔回流罐的出口处设置补充水口。

由该流程中分离得到的二氧化碳的纯度一般已经能达到99.9%，压力一般为50 kPa。捕获的二氧化碳气流而后被送往后续的压缩和脱水等流程。

4. 吸收试剂贫液除杂回收

从再生塔底部流出的吸收剂贫液首先经过贫富液换热器与富液换热，而后被分为一大一小两股支流。大股支流首先送往贫液冷却器进一步冷却，而后又分为一大一小两股，其中小股经过过滤夹套，除去其在吸收流程中形成并积累的热稳定盐等杂质，而后和较大的流股汇合，送入二氧化碳吸收塔，开始进行下一轮的捕获—再生循环过程。

而先前的小股支流则被送往再生塔的除杂回收装置中。在氢氧化钠（NaOH）溶液的化学反应以及低温蒸汽加热的共同作用下，该小股贫液支流中含有的热稳定盐类（主要是由吸收剂与烟气中二氧化硫等酸性气体反应生成）和其他的微量杂质被捕获，捕获的杂质作为废水被送往污水罐中等待进一步的处理；除杂后的吸收剂贫液则被送回到吸收剂再生塔中再次循环。该过程中氢氧化钠的消耗量一般为0.03～0.13 kg/(tCO_2)。

上述流程的主要作用在于防止热稳定盐以及其他杂质在吸收剂以及捕获循环系统中不断积累，从而有效地减少杂质对捕获循环系统的腐蚀，并减少系统的起沫、积垢等问题的发生。

捕获循环过程中，虽然在二氧化碳吸收塔和再生塔的顶部分别设置了水洗和冷凝单元，以减少吸收剂随尾气或二氧化碳带出而导致的损失，但是实际上仍然会有少量的吸收剂蒸气随捕获尾气以及二氧化碳离开而损失。此外，烟气中二氧化硫等杂质组分与吸收剂生成热稳定盐的反应也会导致吸收试剂的损失。在使用单乙醇胺（MEA）作为捕获试剂时，MEA的损失量一般为0.2～1.6 g/(tCO_2)。

化学吸收法是捕获和回收二氧化碳最有效的方法，二氧化碳的捕获程度较高，主要适合于二氧化碳分压低、流量大的各类混合气体处理，但溶液再生的能耗高，对设备有一定的腐蚀性，投资和操作费用高。

2.4.1.2　核心部件

化学试剂吸收捕获系统的核心部件是二氧化碳吸收塔。吸收塔按照其结构形式可以分为板式塔和填料塔两种类型。

板式塔是用于气液或液液分离的分级接触传质设备，由圆筒形塔体和若干塔板组成，广泛应用于精馏、吸收、萃取和化学反应等过程。操作时（以气液系统为例），液体在重力作用下自上而下依次流过各层塔板，至塔底排出；气体在压力差推动下，自下而上依次穿过各层塔板，至塔顶排出。每块塔板上保持着一定厚度的液层，气体通过塔板分散到液层中，进行相际接触传质，如图 2.4 所示。

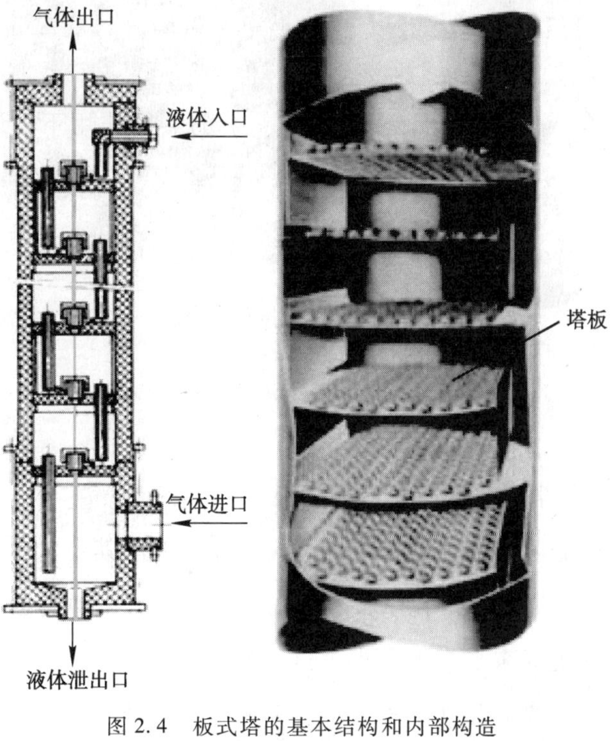

图 2.4　板式塔的基本结构和内部构造

填料塔是以塔内填料作为气液两相间接触构件的气液传质设备。塔身是一直立式圆筒，底部装有填料支承板，填料以随机或规整堆砌的方式放置在支承板上。液体从塔顶经液体分布器喷淋到填料上，并沿填料表面流下。气体从塔底送入，经气体分布装置分布后，与液体呈逆流连续地通过填料层的空隙，在填料表面上气液两相密切接触进行传质。传质过程中，气相为连续态，液相为分散态，如图 2.5 所示。

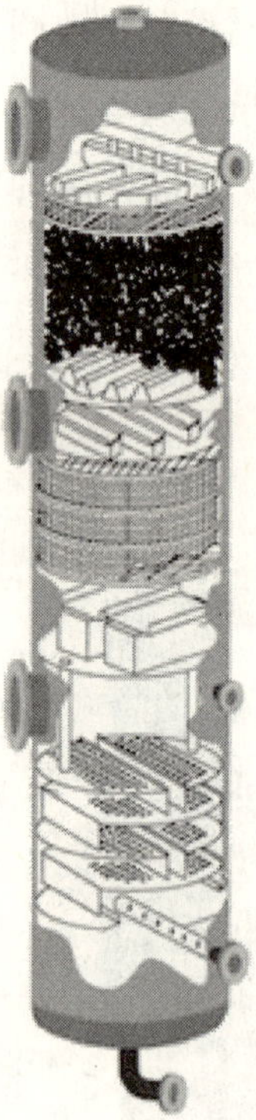

图 2.5　填料塔的基本结构和内部构造

2.4.1.3　化学吸收捕获系统的性能

对于一个与能源相关的工业装置，人们往往关注其技术、经济和环境三方面的性能。对燃烧烟气以化学吸收方法进行捕获，一般会造成系统能耗的较大幅度增长（主要来自于大量再生低温蒸汽的消耗），同时投资成本和运行成本也会有显著的上升（投资成本主要来自于捕获设备的巨大投资，运行成本上升主要来自于能耗的上升和捕获吸收剂的消耗）。在环境性能方面，在实施化学吸收捕获后，除了二氧化碳排放量大幅下降以外，二氧化硫的排放量也会有显著下降（主要由于在捕获单元前设置了精脱硫装置和捕获单元对二氧化硫的吸收)，另外，环境排放中还会增加少量原来并不存在的化学吸收剂蒸气。还有一点需要重点提及，在实施化学试剂捕获之后，系统的水耗量会出现大幅上升（主要来自吸收剂再生蒸气冷却过程的消耗)。典型化学吸收捕获系统的性能数据如表 2.3 所示。

表 2.3　典型化学吸收捕获系统的主要性能数据

(以亚临界煤粉电厂加 MEA 捕获装置为例)

性能指标	不实施 CO_2 捕获	实施 CO_2 捕获
净输出功率/kW	550 445	549 613
净发电效率/%	38.7	26.2
单位发电量水耗/[kg/(kW·h)]	2.56	5.04
电厂建设单位成本/(美元/kW)	1 549	2 895
单位发电量成本/[美分/(kW·h)]	6.4	11.88
CO_2减排成本/[美元/(tCO_2)]		68
环境排放		
CO_2/[kg/(MW·h)]	807.39	102.06
SO_2/[kg/(MW·h)]	0.34	可忽略
NO_x/[kg/(MW·h)]	0.28	0.35
粉尘/[kg/(MW·h)]	0.05	0.07
汞/[kg/(TW·h)]	4.54	5.76

实际上，由于不同的二氧化碳化学吸收装置系统配置和参数选取的不同，捕获的能耗和成本等性能可能有较大的差异。一般来说，对化学吸收捕获系统性能有重要影响的关键参数包括：

(1）烟气流率。烟气流率基本决定了吸收塔的尺寸，并对捕获的总成本起至关重要的作用。

(2）烟气中二氧化碳的浓度。烟气通常是以大气压排放的，烟气中二氧化碳的分压一般为 3～15 kPa。一般情况下，烟气中二氧化碳的分压越小，使用的化学吸收剂的碱性就需要越强。

(3）要求达到的二氧化碳捕获率。化学吸收法能够将烟气中的二氧化碳含量降至很低的水平。但是，要求的二氧化碳净化程度越高，吸收塔的高度就需要越大，捕获能耗和投资运行成本也随之升高。

(4) 化学吸收剂的选择。目前全世界已经开发出多种可用化学吸收剂，这些吸收剂的反应活性以及基本物性都存在差别。在捕获系统其他配置和参数选取都相同的情况下，不同的化学吸收剂需要的循环流量不同，而这会对化学吸收捕获系统中除吸收塔以外的大多数部件的尺寸造成直接的影响。

2.4.1.4 化学吸收法的主要吸收试剂

目前能够用于捕获二氧化碳的化学试剂主要包括碱性盐溶液（热钾盐）、氨水和醇胺溶液。

1. 热钾碱溶液

热碳酸钾溶液作为捕获吸收剂在合成氨工业中应用较多。在热钾碱工艺中，二氧化碳的吸收温度和再生温度相近，且接近其在大气压下的沸点，溶液浓度可以高达40%（质量分数）而不出现沉淀，因而溶液循环量小，有利于减少能量消耗和减小设备尺寸。该工艺的缺点是，热钾碱溶液对捕获设备的金属表面具有强烈的腐蚀性，同时腐蚀产物会在捕获系统中累积，影响设备的持续安全运行，需要采取严密的防护手段。在实际应用中，一般是通过向热钾碱溶液中添加活化剂和腐蚀防护剂来减轻热钾碱溶液对设备的腐蚀作用的。由于不同企业采用的活化剂或腐蚀防护剂通常都是其独自研发的专利产品，这就逐渐形成了不同的热钾碱捕获工艺，如表2.4所示。

表2.4 目前主要的几种热钾碱工艺的基本情况

工艺名称	工艺开发者或拥有者	所用活化剂	已应用的工业装置/套
Benfield	美国UOP公司	二乙醇胺（DEA）、聚烷基胺（ACT-1）	>700
G-V	意大利GIammarco-Vetrocoke公司	氧化砷、氨基乙酸	>200
Catacarb	美国Eickmeyer & Associates公司	烷醇胺、硼酸	>100
Flexsorb HP	美国Exxon公司	空间位阻胺	3

续表

工艺名称	工艺开发者或拥有者	所用活化剂	已应用的工业装置/套
Carsol	比利时 Carbochim 公司	烷醇胺	31
Alkazid	德国 I. G. Farbenindustrie 公司	甲基氨基丙酸、二甲基氨基丙酸	>100
SCC - A	四川化工厂	二乙撑三胺（DETA）	9
NCR - $PC_{1/2/3}$	南化集团研究院	空间位阻胺、DEA、二乙撑三胺（DETA）、氨基乙酸、硼酸等	20

2. 醇胺

各种醇胺在分子结构中至少含有一个羟基和一个氨基，羟基增强其水溶性，氨基则使其在水溶液中显碱性，可以与二氧化碳（酸性）发生反应，而且反应产物在受热时又会重新分解并释放出二氧化碳，所以可以用于捕获。常用于捕获的醇胺主要有一乙醇胺（MEA）、二乙醇胺（DEA）、三乙醇胺（TEA）、甲基二乙醇胺（MDEA）、二甘醇胺（DGA）、二异丙醇胺（DIPA）等。

醇胺吸收二氧化碳的能力取决于其碱性的强弱，几种常用醇胺的碱性强弱关系呈现出 MEA > DEA > DIPA > MDEA > TEA 的规律，所以这几种醇胺的捕获能力按从强到弱的排序结果也是这个次序。工业应用中在进行醇胺种类的选择时，要综合考虑待处理气体的组成、温度、压力以及净化要求等各方面的因素。表 2.5 给出了这些醇胺法工艺的基本操作条件。

表 2.5　常见捕获用醇胺的工业操作条件

醇胺种类	MEA	DEA	TEA	MDEA	DGA	DIPA
采用溶液	MEA	DEA	TEA	MDEA	DGA	DIPA
水溶液浓度/%	10 ~ 20	20 ~ 40	30 ~ 36	20 ~ 55	40 ~ 75	25 ~ 45
溶液酸气负荷/(mol%)	0.25 ~ 0.45	0.50 ~ 0.85	—	0.1 ~ 0.9	0.35 ~ 0.45	0.50 ~ 0.85
溶液损失/(kg/$10^4 m^3$ 净化气)	3.2 ~ 8.0	1.6 ~ 3.2	—	1.6 ~ 3.2	1.6 ~ 3.2	3.2 ~ 6.4

续表

醇胺种类	MEA	DEA	TEA	MDEA	DGA	DIPA
吸收塔操作温度/℃	38 ~ 45	38 ~ 45	38 ~ 40	38 ~ 40	38	35 ~ 40
再生塔操作温度/℃	110 ~ 120	100 ~ 120	100 ~ 120	100 ~ 120	120	100 ~ 120

各种醇胺在性能上各有优缺点。早期的醇胺法工艺主要使用 MEA 和 DEA，其中 MEA 法是从烟道气回收二氧化碳的主要方法。MEA 和 DEA 溶液对设备金属表面具有较强的腐蚀作用，所以在实际应用时 MEA 和 DEA 溶液的浓度不可能很高。另外，MEA 和 DEA 的碱性与热钾碱溶液相比较弱，因此 MEA 和 DEA 溶液的循环量较大，能耗也高。近年来，MDEA 等新型醇胺陆续出现。与 MEA 和 DEA 相比，MDEA 等新型醇胺的腐蚀性更低，因此吸收溶液的允许浓度高，吸收溶液循环量小，能耗较低，而且 MDEA 的抗降解性更强，捕获过程中的吸收剂损失更小。但是，MDEA 的碱性较弱，与二氧化碳反应速度慢，当二氧化碳在烟气中的分压很低时，单纯使用 MDEA 溶液很难达到捕获目标的要求。所以目前使用醇胺捕获的工艺很少仅使用某一种醇胺，大都将多种醇胺配合使用，以达到预期的捕获性能要求。

3. 氨水

氨水是氨气的水溶液，是一种弱碱性溶液，能够与二氧化碳气体发生反应，生成碳酸铵和碳酸氢铵。碳酸铵和碳酸氢铵在受热的条件下都容易分解，重新得到二氧化碳和氨水。由于氨水的再生能耗比醇胺溶液要低，用氨水捕获二氧化碳具有显著降低化学吸收法捕获能耗的潜力，所以氨水捕获法近年受到了越来越多的重视。

不过，由于氨水的碱性比醇胺溶液还弱，所以捕获过程中溶液的循环量较大。而且氨水的挥发性很强，循环过程中挥发损失较大。从目前的研究进展来看，氨水与 MEA 或 MDEA 相比尚没有明显的优势，未来还需要进行更多的研究和改进工作。

2.4.2 物理吸收法

2.4.2.1 流程和机理

物理吸收捕获是利用某些物理溶剂对二氧化碳的溶解度远大于烟气中其他组分的特性实现二氧化碳与其他组分的分离。目前使用物理试剂的捕获工艺主要有两大类：一类使用聚乙二醇二甲醚作为捕获试剂，典型工艺包括联合碳化物公司开发的 Selexol 工艺以及我国南化集团研究院开发的 NHD 工艺；另外一类采用甲醇作为捕获试剂，典型工艺是德国林德公司和鲁奇公司联合开发的 Rectisol 低温甲醇洗工艺。下面以典型的 Selexol 工艺为例介绍物理吸收捕获流程的工作机理。

典型的 Selexol 工艺流程如图 2.6 所示。

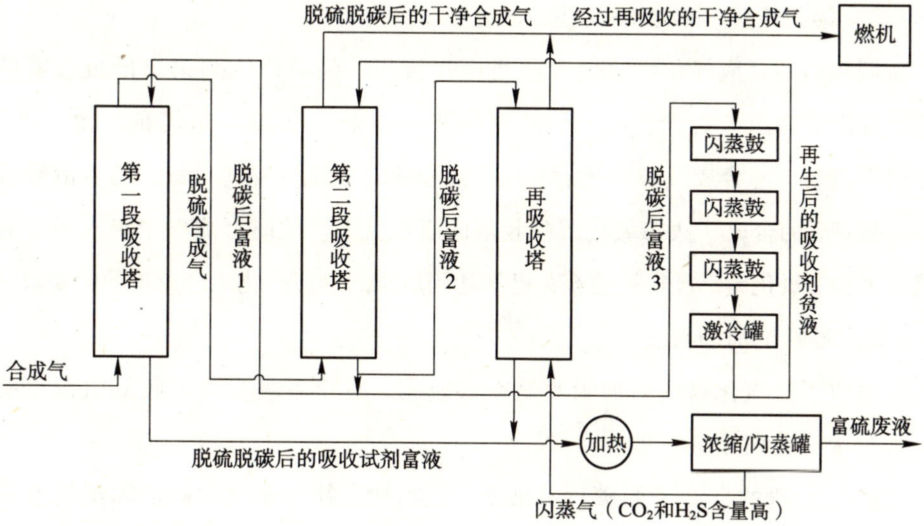

图 2.6 典型的 Selexol 工艺流程图

Selexol 等物理吸收捕获方法一般适用于二氧化碳分压量较高的合成气的捕获。由于中国的一次能源具有富煤、缺油、少气的天然特性，因此国内大量的化工厂都以煤作为原料。煤基合成气中除含有大量的二氧化碳外，往往还含有一定量的硫化氢（H_2S，煤中 S 元素通过气化生成）。Selexol 工艺所使用的聚乙二醇二甲醚溶剂和很多其他物理溶剂对硫化氢的溶解度都要比二氧化碳高一个数量级，所以在使用物理溶剂捕获时，有两种方案可以选择：一种是一次性捕获硫化氢和二氧化碳；另外一种方案是通过设计合理的系统配置和参数，使吸收剂对硫化氢和二氧化碳的吸收分别在两个吸收塔中进行。Selexol 工艺最终选择了两段式吸收捕获的工艺流程。Selexol 用于合成气的捕获的详细工作流程如下所述：

1）第一段——吸收塔捕获含硫组分

合成气首先从塔底送入第一段吸收塔（硫化氢吸收塔），并沿塔体向上流动；同时，来自第二段吸收塔（二氧化碳吸收塔）的吸收了二氧化碳的部分富液从塔顶喷淋入塔中，并向下流动。在此过程中，合成气与吸收剂逆流接触，合成气中的硫化氢组分被溶解吸收。因为合成气中硫化氢的浓度很低，所以为实现充分脱硫，硫化氢吸收塔的工作温度需要被降至较低水平（30～40 ℃）。

2）第二段——吸收塔捕获二氧化碳

脱硫后的合成气从第一段吸收塔塔顶流出，随后进入到第二段吸收塔塔底，并沿塔体向上流动；同时，新鲜的吸收试剂（贫液）从塔顶喷淋入塔，并向下流动，与合成气逆流接触。在此过程中，合成气中的二氧化碳被溶解吸收。捕获后的合成气从二氧化碳吸收塔的塔顶流出。此时合成气中绝大多数的硫化氢和二氧化碳都已经被捕获，已经达到后续的燃烧或化工合成单元的要求。

3）吸收试剂的再生

吸收了二氧化碳之后的吸收试剂富液从二氧化碳吸收塔塔底流出，并随后被分为一大两小共三股：

（1）大股的富液（脱碳后富液 3）立刻被送往一系列串联的闪蒸鼓中进行再生。在闪蒸鼓中，富液在较低的压力下释放出二氧化碳，同时实现吸收溶剂的再生。二氧化碳气体随后送往后续的除杂和压缩流程；再生后的吸收溶剂冷却后送回到吸收塔的顶部，进入下一轮的捕获—再生循环。

（2）其中一小股吸收剂富液（脱碳后富液 2）被送往再吸收塔中；另外一小股（脱碳后富液 1）则被送往脱硫塔塔顶。从再吸收塔塔底流出的吸收剂富液以及从脱硫塔底部流出的吸收剂富液汇合（含有吸收的大量的二氧化碳和少量硫化氢）。该股富液首先被从吸收剂闪蒸罐出来的贫液加热，随后送往硫化氢浓缩器，并在其中被部分闪蒸，在此过程中二氧化碳、硫化氢气体都被释放。释放出的二氧化碳和硫化氢气体随后从塔底进入再吸收塔中，被喷入的脱碳后富液 1 吸收，进一步被分离。从硫化氢浓缩器流出的含硫含碳废液随后送往后续工段。

2.4.2.2 核心部件

各个物理捕获流程的核心设备也是捕获吸收塔，这与化学吸收捕获流程基本上是相同的，这里就不再赘述。

2.4.2.3 物理吸收捕获系统的性能

物理吸收法的特点是：捕获在低温、高压条件下进行，吸收能力大，吸收剂耗量少，而且通过简单的降压或常温气提的方法就能再生，无需加热，因而能耗较低，投资及操作费用也较低。由于二氧化碳被物理溶剂吸收的过程服从亨利定律，所以这类方法一般比较适用于二氧化碳分压较高，而捕获程度要求不高的场合。物理吸收法在合成气的净化处理方面应用较多。典型物理吸收捕获系统的性能数据如表 2.6 所示。

表 2.6 典型物理吸收捕获系统的主要性能数据

性能指标	不实施 CO_2 捕获	实施 CO_2 捕获
净输出功率/kW	640 250	555 675
净发电效率/%	38.2	32.5
单位发电量水耗/[kg/(kW·h)]	1.42	1.87
电厂建设单位成本/(美元/kW)	1 813	2 390
单位发电量成本/[美分/(kW·h)]	7.8	10.29
CO_2减排成本/[美元/(tCO_2)]		32
环境排放		
CO_2/[kg/(MW·h)]	661.79	69.85
SO_2/[kg/(MW·h)]	0.04	0.03
NO_x/[kg/(MW·h)]	0.21	0.17
粉尘/[kg/(MW·h)]	0.02	0.03
汞/[kg/(TW·h)]	2.06	2.03

注：以使用 GE 水煤浆气化炉的 IGCC 电厂和 Selexol 捕获装置为例

2.4.2.4 物理吸收法的主要试剂和工艺流程

物理吸收捕获流程目前所使用的试剂主要包括甲醇和聚乙二醇二甲醚，另外，如碳酸丙烯酯、N－甲基吡咯、聚乙二醇甲基异丙基醚、磷酸三正丁酯等物理溶剂也可以用于物理吸收法捕获二氧化碳。基于各类捕获用的物理吸收溶剂，世界范围内多家公司都成功开发了相应的物理吸收工艺流程，如表2.7所示。

表2.7 主要物理吸收捕获工艺的基本性能及工业应用情况

工艺名称		Rectisol	Selexol	Fluor solvent	Purisol	Sepasolv MPE	Estasolvan
开发公司		Linde AG Lurgi	Norton	Fluor	Lurgi	BASF	Friedrich Unde
溶剂		甲醇	聚乙二醇二甲醚	碳酸丙烯酯	N－甲基吡咯烷酮	聚乙二醇甲基异丙基醚	磷酸三正丁酯
工艺操作参数	典型吸收温度/℃	$-35\sim-55$	$0\sim15$	$0\sim15$	室温	$0\sim15$	室温
	最高操作温度/℃	—	175	65	—	175	—
气体净化指标（净化后气体）	CO_2 含量/10^{-4}vol%	100	10 000	10 000	1 000	—	—
	H_2S 含量/10^{-4}vol%	0.1	1	<4	<4	<4	<4
	工业化时间	1954年	1965年	1961年	1963年	1978年	—
	工业装置数量/套	>100	>55	14	7	4	2

2.4.3 物理化学吸收法

除纯粹的化学吸收捕获法和物理吸收捕获法外，一些企业还开发出了针对化学试剂和物理试剂相混合的混合试剂的捕获工艺，以利用化学吸收捕获和物理吸收捕获方法的性能优势，这被称为物理化学吸收捕获法。目前已经基本成熟的物理化学吸收捕获法的基本情况如表 2.8 所示。

表 2.8　主要的物理化学吸收捕获法

工艺名称	Sulfinol 工艺	Amisol 工艺	Optisol 工艺	Selefining 工艺
开发公司	荷兰 Shell 公司	德国 Lurgi 公司	美国 C－E Natco 公司	意大利 Snampre-getti 公司
吸收剂	MDEA/DIPA + 环丁砜	甲醇 + 醇胺	叔胺 + 物理组分	—
工业装置数量/套	>200	4	6	3
工业化时间	20 世纪 60 年代	20 世纪 60 年代	20 世纪 80 年代	20 世纪 80 年代

2.4.4　新型捕获技术

化学吸收和物理吸收两种捕获方法目前已经在煤气生产、化肥生产、电厂烟气捕获等装置中得到了广泛应用，属于比较成熟的捕获技术。但溶剂吸收法也存在着一些明显的问题，主要包括：① 吸收试剂循环量较大，捕获能耗较高；② 系统复杂度高，包括复杂的吸收、再生等流程，涉及设备多，管程长，中间的能量损失和溶剂损失量较大；③ 有的溶剂具有毒性，一旦泄漏或排放到环境中会造成污染。这些问题都需要更进一步的研究。

除溶剂吸收捕获方法外，研究者目前还在开发一系列新型的气体捕获技术，主要包括吸附分离、膜分离和深冷分离等。与溶剂吸收捕获方法相比，这几种新型捕获技术目前仍处在研发阶段，尚没有完全成熟并实现大规模商业应用的工艺流程。

2.4.4.1　吸附分离

吸附分离技术利用吸附剂表面活性点与不同气体分子之间吸引力的差异实现不同气体组分的分离。吸附剂的气体处理能力一般与吸附剂的比表面积有关，比表面积越大，则吸附剂的气体处理能力越强。所以，吸附剂一般都是多孔材料，常用的吸附剂包括分子筛、活性炭、硅胶和活性氧化铝等，或是采用某两种或几种吸附剂的组合。吸附剂的典型结构如图 2.7 所示。研究结果显示，由于二氧化碳的分子空间结构、分子极性等固有的性质，绝大多数吸附剂对二氧化碳的吸附能力都比甲烷、一氧化碳、氢气和氮气等其他气体大，因此绝大多数吸附剂都可以用于二氧化碳的分离。

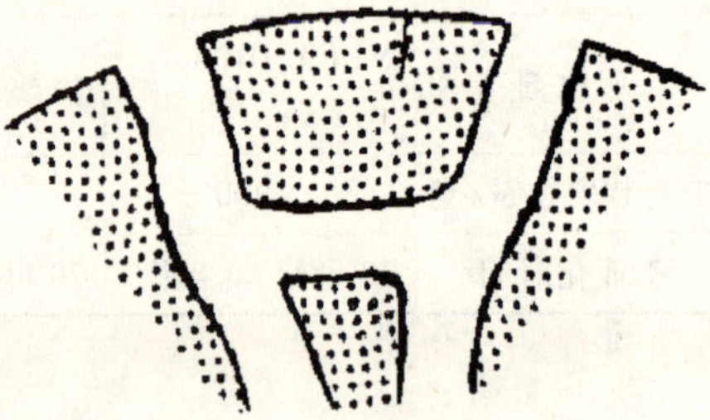

图 2.7　吸附剂的典型外观和内部构造

用于气体分离的吸附剂材料通常需要具备以下特性：

（1）比表面积大，保证气体和吸附剂表面充分接触；

（2）对需要分离的气体组分的吸附能力远大于其他气体组分；

（3）吸附剂容易再生，再生能耗低；

（4）吸附剂不容易发生老化，使用寿命长；

（5）具有较高的机械强度，能够在加压条件下正常工作。

研究表明，升高压力和降低温度有助于提高吸附剂床层的气体处理能力，因此吸附捕获一般都在高压低温的条件下完成。当吸附分离结束后，通过提高吸附床层的温度或是降低其压力，或是同时升高温度并降低压力，就能够将吸附剂吸附的二氧化碳释放出来，实现吸附床层的再生。一般，通过降低压力实现吸附剂再生的系统称作变压吸附气体分离系统（pressure-swing-adsorption，下称 PSA），通过提高温度实现吸附剂再生的系统称作变温吸附气体分离系统（temperature-swing-adsorption，下称 TSA），同时变换压力和温度实现吸附剂再生的系统称作变温变压吸附气体分离系统（PTSA）。一般情况下，PSA、TSA以及PTSA系统只是在吸附床层再生的方式上有差别，在其他的系统配置、流程等方面都非常相似，因此这里仅以PSA系统为例进行介绍。

在使用单个吸附床层分离二氧化碳时，床层需要经过“原料气体通入→吸附（尾气排放）→停止混合气体通入→解吸附（二氧化碳排放）→原料气体通入”这样的循环完成二氧化碳的分离，无法实现连续操作。因此在实际的工业应用中，吸附分离捕获系统往往采用多个吸附床层联合工作的系统配置方案。典型的吸附捕获系统的工作流程如图2.8所示。

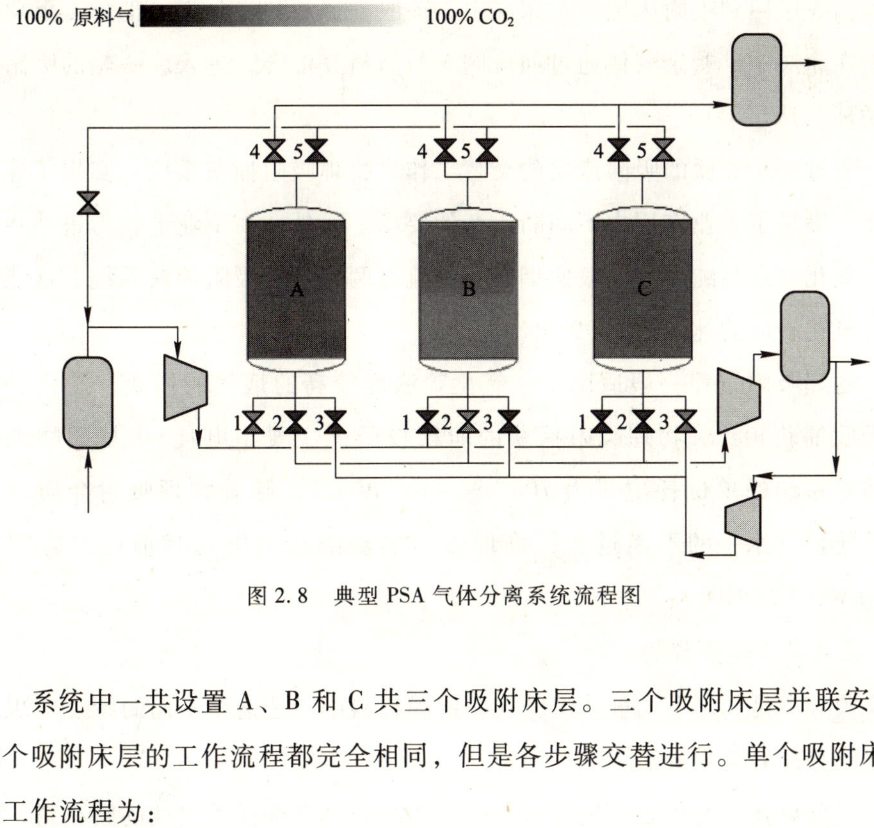

图2.8　典型PSA气体分离系统流程图

系统中一共设置A、B和C共三个吸附床层。三个吸附床层并联安置；每个吸附床层的工作流程都完全相同，但是各步骤交替进行。单个吸附床层的工作流程为：

（1）首先，原料气通过床层底部阀门（阀门1）通入床层中（床层A），在较高的压力下，二氧化碳被吸附，剩余的气体组分则形成吸附尾气。尾气经由吸附床层顶部阀门（阀门4）排出。

（2）然后，关闭净化尾气阀门（阀门4），降低床层压力，吸附剂吸附的二氧化碳和少量其他组分被释放，并通过二氧化碳排放阀（阀门2）排出（床层B）。

（3）由于吸附床层在吸附二氧化碳的同时还会吸附少量其他组分，因此从阀门2放出的二氧化碳产品流中还含有少量杂质（也可能是原料气中的有用气体组分）。为提高二氧化碳纯度，同时尽量提高有用气体组分的回收率，阀门2排出的二氧化碳产品流会被通入一个分离罐。分离罐能够将二氧化碳产品流分为两股支流，其中较大的一股含有绝大部分的二氧化碳和极少量的其他组分，该股支流被作为最终的二氧化碳产品流排出系统；小股支流则含有绝大部分的杂质气体组分和少量的二氧化碳，这股支流将作为回流通过阀门3送回到吸附床层。在床层中，该股支流被初步分离，部分二氧化碳吸附在床层中，剩余气体通过回流阀5与原料气汇合，进入新一轮的吸附捕获循环（床层C）。

通过三个并联的吸附床层的交替工作，物理吸附捕获系统就实现了连续操作，满足了工业应用中不间断生产的要求。另外，在工业上，为进一步提高二氧化碳产品纯度，一般使烟气顺次流过两级物理吸附捕获系统，这能够使二氧化碳流的纯度达到99.9%以上。

物理吸附过程一般适用于二氧化碳浓度较高的烟气的捕获。与化学溶剂吸收捕获相比，物理吸附捕获的能耗较低（主要是电耗）。早期物理吸附捕获系统的单位耗电量为708 kW·h/(tCO_2)，随着物理吸附介质材料和系统设计水平的不断进步，物理吸附捕获的平均电耗目前已经降到了560 kW·h/(tCO_2)。

2.4.4.2 膜分离

膜分离是利用不同气体组分在一些膜材料中渗透速率不同的特点实现二氧化碳分离的捕获方法。

膜分离技术的核心是确定对不同气体组分具有选择透过性的膜材料，多为半渗透的非多孔介质膜。气体在膜中渗透遵循的是溶解－扩散机理，即吸附在膜的一侧表面的气体分子溶解，并在浓度差的作用下向膜中扩散、移动，然后从膜的另一侧解析出来。由于不同气体在膜中的溶解扩散速率不同，因此可以实现不同气体组分的分离。在工业实践中，经常通过加压使气体分离过程加速。

和常规的溶液吸收捕获法相比，膜分离捕获技术的一大优势在于其比表面积大（一般能够达到 1 400 ~ 2 200 m^2/m^3）。在工业应用中，为了实现最高的空间利用率，膜材料通常成卷状，并装入卷筒结构作为膜分离单元模块，如图 2.9 所示，从而使膜分离捕获装置的尺寸远小于相同处理能力的气体分离塔，如图 2.10 所示。目前全世界范围内已经有一些企业基于膜分离的原理开发出了膜分离捕获工艺，如表 2.9 所示。

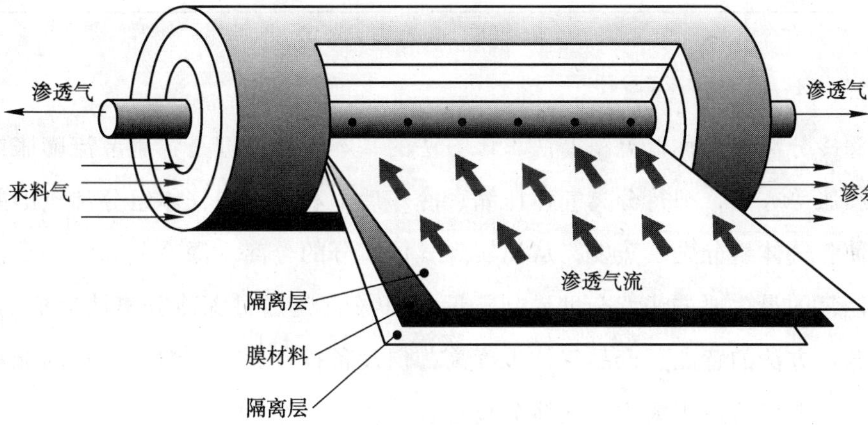

图 2.9　卷筒型膜分离单元结构和工作机理

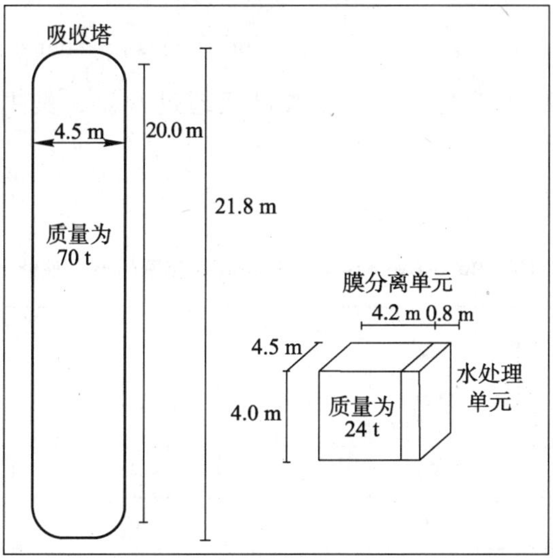

图 2.10　相同处理能力的膜分离捕获单元和气体吸收塔的尺寸对比

表 2.9　已有的膜分离捕获工艺的基本情况

膜装置商业名称	开发公司	膜材料	膜单元结构
PRISM™	Monsanto	聚砜	中空纤维
Separecx™	UOP	醋酸纤维素、聚酰胺	螺旋卷、中空纤维
Cynara	NATCO	醋酸纤维素	中空纤维
MEDAL	Air Liquide	聚酰胺	中空纤维
GASEP™	Envirogenics Systems	醋酸纤维素、聚酰胺	螺旋卷、中空纤维
Gracesep™	DOW	醋酸纤维素	螺旋卷
Delsep™	Delta Projects	醋酸纤维素	螺旋卷

2.4.4.3　深冷分离

深冷分离法又称低温精馏法，该方法的基本工作原理是：用节流膨胀或绝热膨胀等方法，把待分离气体压缩、冷却后，利用不同气体组分沸点的差异，使各气体组分先后蒸发，从而实现气体组分的分离。深冷分离法是目前工业制氧的最主要方法，全世界制氧量的 80% 都是通过深冷分离法完成的。深冷分离方法的特点是产品气体纯度高，但设备投资大，压缩、冷却的能耗也高，一般仅适用于大规模气体分离过程。

除用于空气分离制氧外，深冷分离法目前还主要用于在天然气化工过程中分离湿天然气中的二氧化碳组分，同时回收 C_2 以上的烃类物质（NGL）。目前已有的工艺主要是美国 Koc Process Systems 公司开发的 Rayn-Holmes 工艺，应用该工艺的工业装置已经超过八套，其主要的性能指标如表 2.10 所示。

表 2.10　Rayn-Holmes 工艺三塔流程装置的典型性能数据

流量及组分含量	原料气	燃料气产品	CO_2 产品	NGL 产品	回收率/%
流量/($10^4 m^3/d$)	206.45	9.46	180.40	0.0745（液体）	—
CO_2/(vol%)	85.97	1.99	98.46	1.11	—
H_2S/(vol%)	0.11	—	50×10^{-6}	1.37	—
C_1/(vol%)	4.96	96.07	0.64	—	—

续表

流量及组分含量	原料气	燃料气产品	CO_2产品	NGL 产品	回收率/%
C_2/(vol%)	2.58	—	1.20	19.20	59.3
C_3/(vol%)	2.25	0.05	0.11	26.69	95.5
C_4^+/(vol%)	4.06	0.35	0.01	50.18	99.5
N_2/(vol%)	0.07	1.53	—	—	—

不过总体来说，用深冷分离方法捕获燃烧烟气和合成燃料气中的二氧化碳的技术目前远未成熟，仍面临设备复杂、投资大、能耗和成本高等问题，还需要进一步研究。

2.5 二氧化碳捕获的成本

在当今的商业应用中，大型电厂的二氧化碳捕获成本估算是基于技术工程设计研究的结果（但通常应用各不相同和/或比文献假设的规模要小），另外目前概念设计尚处于研发阶段。所以对于二氧化碳捕获的成本，只能通过一些电厂的数据进行整理分析，可以作为一个粗略的估算供读者参考。

表 2.11 概括了新的常规超临界电厂（PC）、天然气联合循环发电电厂（NGCC）和整体煤气化联合循环发电电厂（IGCC）的结果，这些结果是按目前采用和未采用二氧化碳捕获技术得出的，并考虑到捕获所需的能源需求。对于上述三种设计，捕获系统都能使每千瓦时的二氧化碳排放减少约 80% ~90%。表 2.11 中所有 PC 和 IGCC 电厂的数据仅针对沥青煤而言。捕获成本包括二氧化碳的压缩成本（通常压缩到 11 ~ 14 MPa 左右），但不包括额外的二氧化碳运输和封存成本。这三种系统各自的成本范围反映出所采用的技术、经济和运行假设等方面存在的差异。虽然在报告的成本中某些差异可以归结为二氧化碳捕获系统设计上的差异，但差异主要是源于对采用捕获技术的基准电厂的设计、运行和资金假设（涉及多种因素，如工厂规模、地点、效率、燃料类型、燃料成本、发电量系数，以及资本成本等）。没有单

表 2.11　基于当前技术的新电厂的二氧化碳捕获成本概要

性能和成本措施	新 NGCC 电厂			新 PC 电厂			新 IGCC 电厂		
	范围		代表值	范围		代表值	范围		代表值
	低	高		低	高		低	高	
未采用捕获的排放因子/[kg/(kW·h)]	0.344	0.379	0.367	0.736	0.811	0.762	0.682	0.846	0.773
采用捕获的排放因子/[kg/(kW·h)]	0.040	0.066	0.052	0.092	0.145	0.112	0.065	0.152	0.108
每千瓦时净 CO_2 减排百分率/%	83	88	86	81	88	85	81	91	86
采用捕获的电厂效率，LHV 为基准/%	47	50	48	30	35	33	31	40	35
捕获的能源需求（投入/兆瓦时的增加量）/%	11	22	16	24	40	31	14	25	19
未采用捕获的总资金需求/(美元/kW)	515	724	568	1 161	1 486	1 286	1 169	1 565	1 326
采用捕获的总资金需求/(美元/kW)	909	1 261	998	1 894	2 578	2 096	1 414	2 270	1 825
采用捕获的资金成本增加百分率/%	64	100	76	44	74	63	19	66	37
无捕获的 COE/[美元/(kW·h)]	0.031	0.050	0.037	0.043	0.052	0.046	0.041	0.061	0.047
采用捕获的 COE/[美元/(kW·h)]	0.043	0.072	0.054	0.062	0.086	0.073	0.054	0.079	0.062
采用捕获的 COE 增加/[美元/(kW·h)]	0.012	0.024	0.017	0.018	0.034	0.027	0.009	0.022	0.016
采用捕获的 COE 增加百分率/%	37	69	46	42	66	57	20	55	33
净 CO_2 捕获成本/[美元/(tCO_2)]	37	74	53	29	51	41	13	37	23
捕获成本的可信度	中等			中等			中等		

注：1. 由于不包含二氧化碳运输和封存的成本，因此不应当用此表评估或比较不同的具备捕获能力的电厂的总成本。

2. 代表值为基于不同研究中的平均值；COE 为发电成本；LHV 为较低热值。

3. 所有的 PC 和 IGCC 数据仅针对成本为 1.0～1.5 美元/GJ（LHV）的沥青煤；所有的 PC 电厂均为超临界值机组。NGCC 数据基于 2.8～4.4 美元/GJ（LHV 为基准）的天然气价格。成本按 2002 年美元的价格给出。电厂规模：无捕获电厂大约为 400～800 MW，采纳捕获电厂为 300～700 MW。燃煤电厂的发电率在 65%～85%之间，燃气电厂的发电率为 50%～95%（各电厂的平均值 = 80%）。全部成本包括二氧化碳的压缩成本，但不包括额外的二氧化碳的运输和封存成本。

一的一组假设能适用于所有情况或全球的所有地方，因此这里仅给出一个成本范围。

由表 2.11 中所列出的数据可知，二氧化碳捕获使 NGCC 电厂的发电成本增加了 35% ~70% [0.01 ~0.02 美元/(kW · h)]，超临界值 PC 电厂的发电成本增加了 40% ~85% [0.02 ~0.03 美元/(kW · h)]，IGCC 电厂的发电成本增加了 20% ~55% [0.01 ~0.02 美元/(kW · h)]。总体而言，采用捕获技术的化石燃料电厂的发电成本（二氧化碳运输和封存成本除外）的范围是 0.04 ~0.09 美元/(kW · h)，相比之下，类似的未采取捕获技术的电厂的成本为 0.03 ~0.06 美元/(kW · h)。截至目前，多数研究发现，在电量系数高（75% 或更高），天然气价格在电厂寿命期处于 2.6 ~4.4 美元/GJ 时，大型基本负荷电厂的 NGCC 系统的发电成本通常比新的 PC 和 IGCC 电厂（有或无捕获）的成本要低。然而，在天然气价格较高和/或电量系数较低的情况下，与有或未采用捕获技术的基于煤的电厂相比，NGCC 电厂通常具有较高的发电成本。最近的研究还发现，与类似规模的 PC 电厂相比，一般而言，未采取捕获技术的 NGCC 电厂的成本略高，而采用捕获技术的电厂的成本略低。不过，有或未采用二氧化碳捕获的 PC 与 IGCC 电厂之间的成本差异可能会依据煤的类型和其他一些因素，如每种类型电厂的资本成本，而有显著差异。鉴于采用 CCS 的大规模 NGCC、PC 和 IGCC 系统尚未建成，所以目前还不能以较高的可信度阐述这些系统的绝对或相对成本。目前，尚未对现有的电厂加装二氧化碳捕获设备的成本开展广泛的研究。数量有限的报告表明，与表 2.11 中所给出的数据相比，对现有电厂加装胺洗涤器可导致效率下降较大和成本上升。有限的研究还表明，更具成本效益的选择方案是将一个捕获系统与重建的锅炉和涡轮机相结合，可提高电厂的效率和产出。对某些现有电厂研究表明，利用含二氧化碳捕获技术的 IGCC 系统发电可取得类似的效益。所有这些选择方案的可行性和成本高度依赖于特定的各种因素，包括电厂的规模、厂龄和效率，以及是否有额外的发展空间。

表 2.12 列出了制氢过程中的二氧化碳捕获成本，主要是二氧化碳的烘干和压缩成本，因为二氧化碳的分离已作为制氢过程的一部分。二氧化碳捕获成本使制氢成本增加约 5% ~30%。CCS 也可应用于这样一些系统，它们

使用生物质燃料或原料，可以单独使用或与其他化石燃料混合使用。对于这样的系统，着眼于捕获、运输和封存相结合系统的成本的研究尚少。估计在一个 24 MWe 以生物质为燃料的 IGCC 电厂中，每年捕获 0.19 Mt 的二氧化碳相当于大约 80 美元/(tCO_2) 的净捕获（300 美元/t 碳），这相当于发电成本增加了约 0.08 美元/(kW·h)。对使用化石燃料的其他工业流程的二氧化碳捕获的研究相对较少，而且这类研究通常仅限于按捕获或清除 1 t 二氧化碳的成本来报告其捕获成本。一般而言，采用不同工艺流程产生二氧化碳所需的压力存在很大的差异且生成的二氧化碳的浓度不同。因此，不同工艺场合（水泥厂、炼钢厂、炼油厂等）的捕获成本在 25～115 美元/(tCO_2) 净捕获之间不等，有较大的差异。在生产较纯的二氧化碳流液过程中，捕获的单位成本较低（如天然气加工、制氢以及氨的生产），这可以从表 2.12 中的数据看出，表中二氧化碳净捕获的成本在 2～56 美元/t 之间变化。新的或改良的

表 2.12　基于当前技术的新制氢厂的二氧化碳捕获成本概算

性能和成本	新制氢厂		
	范围		代表值
	低	高	
无捕获的排放因子/(kg/GJ)	78	174	137
采纳捕获的排放因子/(kg/GJ)	7	28	17
每 GJ 净 CO_2 减排百分率/%	72	96	86
工厂的捕获效率，LHV 为基准/%	52	68	60
采纳捕获的能源需求（投入/GJ 的增加量）/%	4	22	8
无捕获的制氢成本/(美元/GJ)	6.5	10.0	7.8
采纳捕获的制氢成本/(美元/GJ)	7.5	13.3	9.1
采纳捕获的 H_2 成本的上升/(美元/GJ)	0.3	3.3	1.3
采纳捕获的 H_2 成本上升的百分率/%	5	33	15
净 CO_2 捕获成本/[美元（tCO_2）]	2	56	15
捕获成本的可信度	中等到高		

注：表中所有成本仅限捕获成本，不包括二氧化碳运输和封存成本；成本按 2002 年美元的价格给出。制氢厂的原料为天然气（4.7～5.3 美元/GJ）或煤（0.9～1.3 美元/GJ）；其中有些工厂除制氢外还发电。所有成本仅包括二氧化碳的压缩成本，不包括额外的二氧化碳运输和封存成本。

二氧化碳捕获方法与先进的电力系统和工业流程设计相结合，可以降低二氧化碳的捕获成本和能源需求。虽然首批商业工厂的成本通常要超过初始估算的成本，但通过实践和控制其他因素，后续建立的工厂的成本往往会下降。尽管降低成本的幅度和时机有着很大的不确定性，但是文献显示，如果研发的努力得以持续，那么商业技术的改良能够使目前的二氧化碳捕获成本在今后几十年内至少降低 20% ~30%，而处于发展中的新技术将使成本出现实质性的下降。未来成本的下降将取决于市场中商业技术的推广和应用以及持续的研发。

2.6 降低碳捕获与封存成本的办法

2.6.1 降低碳捕获与封存成本有赖于捕获技术能效的提高和煤炭利用方式的突破

能源动力系统中二氧化碳的捕获成本约为 13 ~51 美元/t，占 CCS 全流程成本的 80% 左右。可见，二氧化碳捕获是 CCS 全流程中成本最高的环节，从技术角度来看，二氧化碳捕获技术已经比较成熟，但实现能源系统二氧化碳捕获的难点在于，如何降低由捕获过程带来的能源系统效率的下降以及相应的成本上升。目前看来，二氧化碳捕获技术的发展方向大致分为两类，但核心目标都是降低能耗，如图 2. 11 所示。

2.6.2 规模化应用降低碳捕获与封存成本

为了分析未来在发展中国家大规模推广 CCS 技术对其成本的影响，可以利用学习曲线预测主流 CCS 技术在不同的应用规模情景下的成本变化。由图 2. 12a 可见，随着技术推广和生产规模的扩大，常规超临界电厂（PC）和新型整体煤气化联合循环发电厂（IGCC）的发电成本都呈下降趋势。由于超临界发电技术在经历国产化之后已经比较成熟，其下降趋势并不明显。相比之下，

IGCC 发电技术虽然初始成本远远高于超临界电厂，但受到技术推广以及国产化进程等因素的影响，其成本下降趋势十分明显，在一定技术推广水平下的发电成本已接近超临界电厂的发电成本。需要指出的是，相对于常规 IGCC 发电厂，使用化工动力多联产技术的发电厂（PG）成本更低，且未来的下降趋势更加明显。化工动力多联产技术在未来将具有更广泛的发展前景。

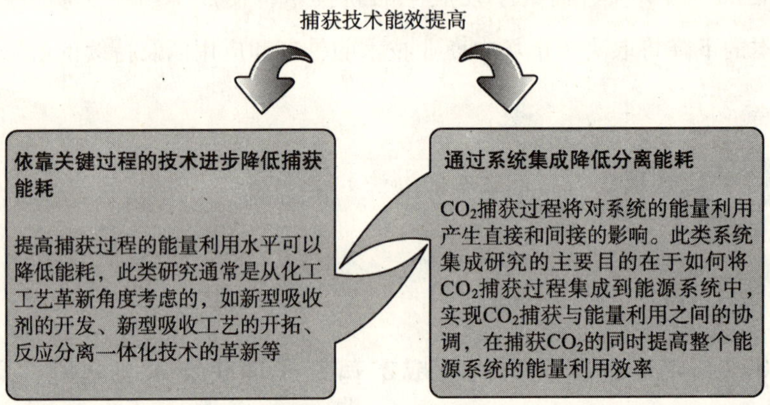

图 2.11　捕获技术能效提高示意图

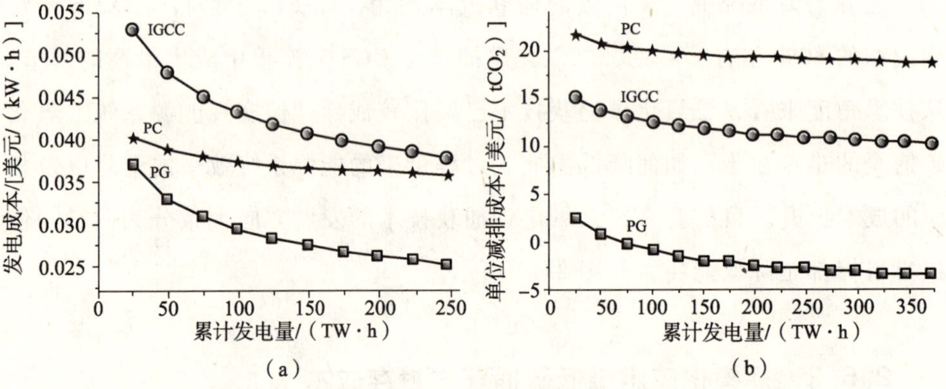

图 2.12　PC 电厂和 IGCC 电厂发电成本及二氧化碳捕获成本学习曲线

2.7　二氧化碳捕获：风险、能源和环境

二氧化碳捕获系统的监控、风险和法律影响基本上不存在新的挑战，因

为它们都是工业中正常、安全和经环境测评后的做法。然而，二氧化碳捕获系统需要相当量的能源以保证其运行，这使得电厂的净效率下降，意味着电厂生产每千瓦时的电量就需要更多的燃料。据文献研究，工厂利用目前最佳的技术捕获 90% 的二氧化碳，与未采用 CCS 技术的同类工厂相比，PC 电厂每千瓦时的燃料消耗要增加 24% ~40%，NCGG 电厂增加 11% ~20%，IGCC 电厂则增加 14% ~25%。与未采用二氧化碳捕获的新的现代化电厂相比，燃料需求的上升导致每千瓦时电能所产生的大多数其他环境排放物也将有所增加，在使用煤的情况下，固体废弃物的数量也按比例有较大增长。此外，还存在化学制品消耗的增加，如 PC 电厂为进行氧化氮和二氧化硫排放控制所使用的氨和石灰石。那些能进一步减少 CCS 能量需求的先进的电厂设计方案也将减少对环境的总体影响并降低成本。与许多现有的老电厂相比，采用高效 CCS 技术的新厂或重建厂实际上可以在电厂层面实现净环境减排。

目前对 CCS 的成本评估显示，改造现有电厂和建设采用 CCS 技术的新电厂之间不存在根本差别。对于改造而言，电厂的效率起点和使用寿命延长是重要的决定因素。

英国气候变化委员会对 CCS 成本的总体估算约为 8 美分/（kW · h）（该值基于以下考虑：一是英国能源和气候变化部主要矿物燃料价格不变；二是粉煤电厂的捕获效率为 85%）。这正是国际能源机构预测的未来波浪和潮汐发电所处的范围，略微高于核电 7.5 美分/（kW · h）的上限（见图 2.13）。

乐观地估计，核电和可再生能源可能比化石燃料发电更经济，化石燃料发电厂如采用 CCS 技术还要增加可观的成本。从商业角度看，CCS 还不是一种完全成熟的技术，因此相比风电或核电，必须考虑更多的不确定因素。挑战在于如何降低或抵消这一成本。

在竞争性电力市场，任何发电成本的增加都会传导给消费者，这会遇到挑战。当消费者要为低碳电力支付更高的电费时，需要考虑一些因素。在最近的英国气候变化委员会的报告中指出了两个重要的因素：

（1）供应短缺。分析表明，为了满足碳排放目标，到 2020 年英国将有 170 万家庭面临缺电威胁（能源成本占家庭收入的 10% 以上）。

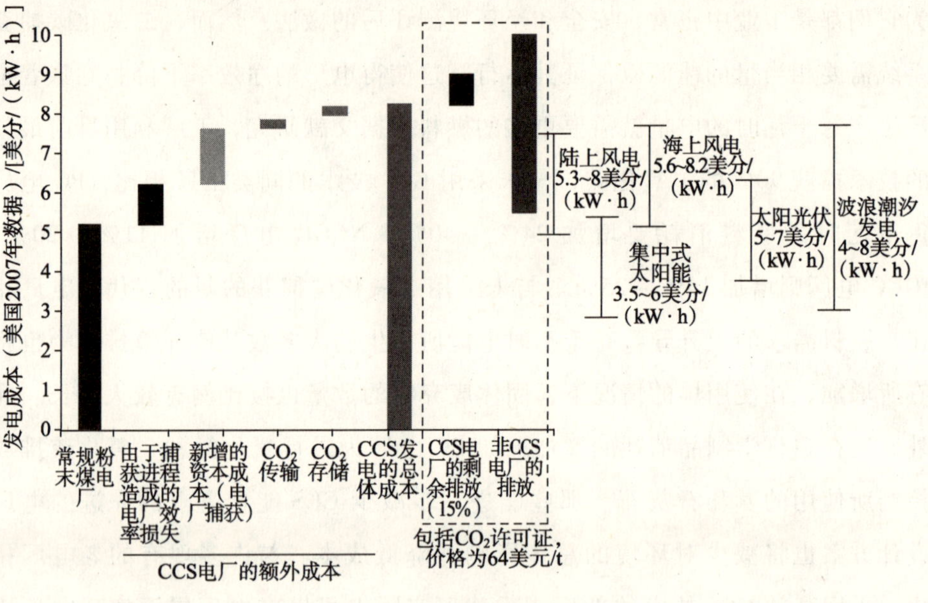

图 2.13 CCS 的经济性

（2）削弱行业竞争力。报告还分析了碳预算对英国高能耗产业的影响。基于对能源成本和贸易情况的估算，估计少数行业会试图将生产或投资转移到对碳排放控制不够严格的其他国家。除了费用，实施 CCS 所需要的资源也是不容忽视的。

美国能源部（DOE）国家能源技术实验室指出，采用二氧化碳捕获技术将增加电厂的淡水消耗，这可能会在 CCS 实施地区造成缺水。受气候变化的影响，全世界水资源供应问题受到广泛关注，因此发展高耗水行业应谨慎。但电力需求增长迅速的地方，如印度和中国，都很缺水。当前的研究重点是采取新技术，减少碳捕获过程中水的使用，提高效率。

在碳捕获过程中，必须大力发展管网。虽然能对一些现有的天然气管道进行再利用，并通过建设骨干和辐射运输管网提高效率，但仍将有大量的钢铁、水泥、燃料和其他材料用于输送二氧化碳的基础设施建设。我们需要分析评估上述建设过程中的排放总量，并通过 CCS 技术减少或抵消这些排放量。

第3章　二氧化碳运输的安全可靠性

未来十年里，若要实现规模宏大的碳捕获与封存部署，那么在2020年之前每年需要大约150亿~200亿美元的附加投资，用作运输基础设施和封存区域的建设资金。

——国际能源署

3.1　二氧化碳的运输概述

二氧化碳一旦被分离和捕获，作为碳捕获与封存（carbon capture and storage，下称CCS）的一部分，则在大多数情况下，其必须被运输至封存区域，通常是油气藏。在此过程中，二氧化碳被压缩成浓缩状态——压力约为大气压力的150倍——从而使运输和存储更加有效。这被称为超临界流体，这种流体接近液体的密度，却能够像气体一样移动和填充空间。

我们知道，运输是连接二氧化碳排放源和封存地（利用地）的纽带，在CCS三大环节中各国的情况共性大（如图3.1所示），技术水平差距小，依靠现有技术完全可以解决单个项目的运输问题，因此在示范阶段，技术上不存在明显的障碍，需要考虑的是如果进入大规模推广阶段，该如何制定合理的全局运输规划。

超临界二氧化碳可以通过管道、卡车、轨道或轮船运输，其中管道运输是长途量大型（比如CCS通常所需的数量）运输最为常用的方法。许多专家认为二氧化碳的管道运输技术较为成熟，自20世纪70年代便已用于提高采油率和其他工业。二氧化碳的油轮和轮船运输十分有限，主要是用于食品和饮料工业。对于这些工业而言，每年要运输大约 10 万吨二氧化碳——比商业规模发电的预计容量要小得多。

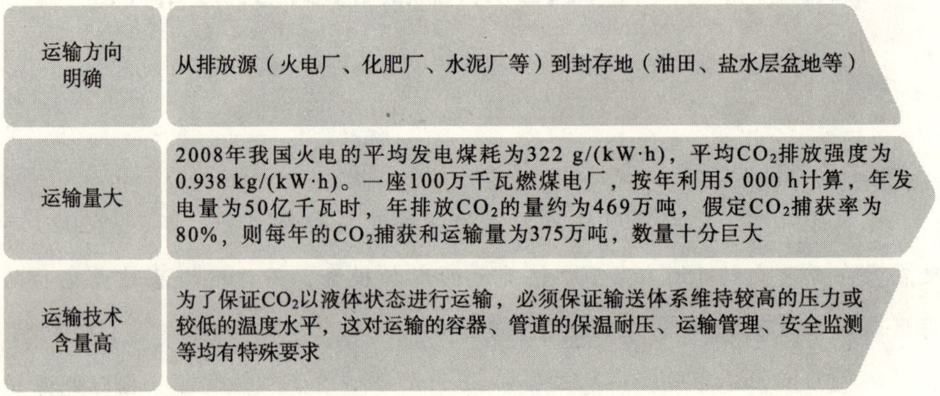

图 3.1　二氧化碳运输的特点

在全球范围内，管道建设或将现有天然气管道转换成二氧化碳输送管道大都在美国和加拿大（有一个位于土耳其，见表 3.1）实施。这些管道总长 2 591 km（1 606 mile），每年可输送 5 500 万吨二氧化碳。

表 3.1　现有长距离二氧化碳输送管道

管道	位置	CO_2 输送量/(Mt/t)	长度/km	完工年份
Cortez	美国	19.3	808	1984
Sheep Mountain	美国	9.5	660	—
Bravo	美国	7.3	350	1984
Canyon Reef Carriers	美国	5.2	225	1972
Val Verde	美国	2.5	130	1998
Bati Raman	土耳其	1.1	90	1983
Weyburn	美国/加拿大	5.0	328	2000

注：信息来自政府间气候变化专家组，《二氧化碳捕获与储存特别报告》。

3.2 二氧化碳的运输方式

二氧化碳的运输方式主要有罐车运输、管道运输和船舶运输（表3.2为二氧化碳运输方式的比较），其中罐车运输中又分为公路罐车和铁路罐车两种方式。在中国，上述输送手段已被广泛应用于其他物质的运输。

目前，管道运输是一种成熟的市场技术，并且是运输二氧化碳最常用的方法。典型的做法是将气态二氧化碳施加8 MPa以上的压力进行压缩，旨在避免二相流和提升二氧化碳的密度，便于运输和降低成本。也可将液态二氧化碳装在船舶、公路或铁路罐车中运输，二氧化碳被装在绝缘罐中，温度远低于环境且压力也大大降低。第一条长距离的二氧化碳输送管道于20世纪70年代初投入运行。在美国，超过2 500 km的管道每年将天然和人为产生的40 Mt二氧化碳运输到位于德克萨斯州的许多地方，在那里二氧化碳被用于强化采油。这些管道在环境温度下以"浓缩相"方式高压运行（这种方式是一个连续不断的加压过程，将气体始终保持在液体状态，无明显变相）。在大多数管道中，液流由位于上游的多台压缩机驱动，但是有些管道配有若干中程压缩站。在某些情况下，使用船舶运输二氧化碳从经济角度讲更具吸引力，尤其是需要长途运输或运至海外。目前已使用海洋油轮进行大规模液化石油气（LPG，主要是丙烷和丁烷）的运输，可以借鉴这一方式来运输二氧化碳（一般压力保持在0.7 MPa），但由于需求有限，运输规模还小。液态二氧化碳的特性与LPG的特性相似，运输LPG的技术将逐步运用于大型二氧化碳运载船。

另外，公路和铁路罐车也是切实可行的方案。这些系统可在 -20 ℃和2 MPa的情况下运输二氧化碳。然而，除小规模运输之外，这类运输系统与管道和船舶相比并不经济，不大可能用于大规模的CCS。

下面对较为成熟的二氧化碳管道运输技术进行介绍。

表 3.2 二氧化碳的运输方式比较

	适合条件	优势	劣势	技术成熟度	运营成熟度	国内应用	国际应用
 公路罐车运输	小批量、非连续性运输	规模小，投资少，风险低，运输方式灵活	运输量小，距离短	技术成熟	有运输商	华能北京热电厂油田 CO_2 驱油实验	化工厂 CO_2 运输，小规模 CCS 试验
 铁路罐车运输	运输量大，运输距离远且管道运输体系还未建成时	运输量较大，运输距离远，可靠性较高	铁路运输调度和管理复杂，受铁路接轨和铁路专用线建设的限制，需要相关的接卸和储运配套	技术成熟	—	无	—
 管道运输	适合大容量、长距离、负荷稳定的定向输送	输送量大，输送稳定，运输距离长，受外界影响小，可靠性高	成本高，投资大，运行成本高	技术成熟	美国和加拿大已有 CO_2 管道运营	无	已有 2 600 km CO_2 管道运营，新建 1 600 km 管道
 船舶运输	大规模、超长距离或海岸线运输	输送量大，目的地灵活，可超远距离运输	成本高，投资大，运行成本高，需要配套的储库和接卸设备，受气候条件影响大	技术成熟（可借鉴液化石油气运输船设计）	目前还没有大型 CO_2 船舶运营，但 CO_2 的性质与液化石油气性质相似，液化石油气运输船舶建造经验及运输经验均可作为借鉴	有，但容量小。液化石油气的运输已有一定规模，可借鉴运营经验	已有小型 CO_2 运输船，同时大规模的液化石油气运输船已经在运营。挪威和日本等国家目前正在设计大型 CO_2 运输船

3.2.1 二氧化碳管道设计和运行

3.2.1.1 二氧化碳管道设计时需要考虑的问题

在设计二氧化碳运输管道时，设计者需要考虑运输过程中的二氧化碳的状态、沿线地区地形、地质、人口分布、生态环境等诸多因素。图3.2给出了在管道设计时需要考虑的各种因素。

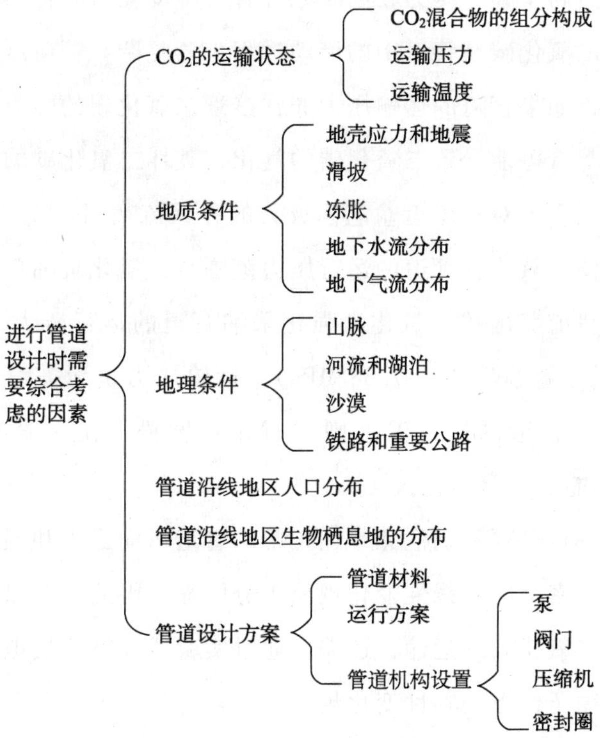

图3.2 在管道设计时需要综合考虑的各方面因素

3.2.1.2 二氧化碳管道设计的基本步骤和方法

二氧化碳管道的设计过程一般包括确定管道运行参数（温度和压力）、管径、建造材料、腐蚀防护方案、管道部件设计、管道中途加压方案设计以及管道填埋方式等。

1. 管道运行参数的确定

超临界状态是管道运输二氧化碳最经济的方式。但是，由于二氧化碳在管道中的温度和压力存在波动，尤其是温度难免会随沿途的环境温度而变化，因此很难保证管道中的二氧化碳始终保持超临界状态。实际上，在用管道运输二氧化碳时需要极力避免其气化（主要由于管内压力低于二氧化碳临界压力所致），否则会导致管道阻塞、泄漏甚至爆管。如果二氧化碳从超临界状态变为密相液态（压力高于超临界压力而温度低于超临界温度），由于二氧化碳的密度和黏性变化都不大，仅会造成二氧化碳管道输送压力损失的轻微增加，而不会造成更加严重的后果。因此，用管道输送二氧化碳一般都是保证输送压力高于临界压力，同时允许管道温度在二氧化碳的临界温度上下变化。由于二氧化碳在管道中的流动过程十分复杂，管道压力总会出现或大或小的波动，如果管道的运输压力非常接近二氧化碳的临界点压力，则压力的微小波动都有可能导致二氧化碳的气化，破坏二氧化碳的超临界或密相运输状态，甚至产生对管道运输危害极大的弹状流①。因此，为确保管道运输的安全，应使二氧化碳管道的运行压力范围与二氧化碳临界压力之间保持较大的裕度。目前美国的二氧化碳强化采油管道的运行压力一般为 8.62 ~ 14.96 MPa（高于超临界压力 7.38 MPa）。运输压力也无需设定过高，以降低运输的能耗。管道的运行温度则相对比较宽松，在一般的环境温度下（3 ~ 43 ℃）都能够正常运行。

另外还有一点需要特别注意，在正常的管道运输压力和温度范围内，二氧化碳压缩性和密度的非线性变化现象十分明显，因此，要保证设计出来的管道能够胜任二氧化碳的运输，还需要通过实验或计算机模拟手段准确掌握二氧化碳在管输条件下的物性变化规律。

2. 管径和加压泵站数量的确定

管径的确定需要综合考虑二氧化碳的温度、压力、流速以及能耗和成本等多方面因素。将二氧化碳压缩到超临界状态的能耗十分巨大，能耗成本也是总运输成本中比例最大的部分。在目前的技术水平下，将二氧化碳从大气

① 两相流的一种流型，当气体和液体同时在管道内流动且流速超过一定范围时就会发生。该流型的特征是长的“泰勒”气泡（也叫气弹不断上升）几乎占满整个管道截面。在一个柱塞中既有液体流动也有气体流动，这种流型的流场是极其复杂的。

压压到 110 bar① 的能耗为 0.4 GJ/t，大约占实施捕获的电厂净输出能力的 5%。管道运行压力越高，二氧化碳的压缩能耗就越大。另外，二氧化碳在管道内的流动存在压损，所以需要在管道沿线设置若干加压泵站（美国现有的强化采油项目的二氧化碳管道的加压泵一般选用径流式单级离心泵），以保证管道中二氧化碳的压力始终符合超临界/密相输送的要求。在海拔较高的地区，由于环境压力较低，为保证二氧化碳的单相流动，还需要适当增加泵站的数量。因此，运输过程中的加压能耗也是在设计管道时所必须考虑的因素。

根据流体力学的知识，流体在管道中流速越高，压损越大。在运输一定量的二氧化碳的情况下，如果管径较大，则二氧化碳流速较低，流动压损较小，因此管道沿线需要设置的泵站数量较少，升压能耗较少，加压能耗成本以及加压泵站的建设成本较低，但是大管径同时也会导致管道自身建设成本升高；相反，如果管径较小，则二氧化碳的流速高，压损大，加压泵站数量多，升压能耗高，升压能耗成本及加压泵站的建设成本较高，但管道自身的建设成本低。由此可知，在确定二氧化碳管道的管径时，需要综合考虑各方面因素，全面权衡管道建设成本、加压泵站建设成本和能耗成本，做出最优选择。

3. 管道材料的选择和腐蚀/裂纹防护

1） 材料的选择

由于二氧化碳管道需要高压运行，而且二氧化碳对管道材料还具有一定的腐蚀性，因此选择合适的管道材料并采取有效的防腐措施对保证管道的正常运行非常重要。

根据美国在这方面数十年中所取得的经验，二氧化碳管道的材料一般为 X65 钢材，管道壁厚一般为 10 mm 左右，不过目前还没有统一的行业标准。美国石油学会（API）对用于强化采油的二氧化碳管道材料给出的建议是 X60－或 X80－等级的钢材。

2） 腐蚀/裂纹的防护

尽管二氧化碳在被送入管道前一般都进行了脱水和除杂处理，但是无法

① 1 bar = 10^5 Pa

做到全部去除，因此二氧化碳对管道材料仍然会有一定的腐蚀作用。在美国强化采油项目中的某些二氧化碳管道内壁就涂覆了一层防腐蚀涂层。另外，由于周边环境中也存在水流、氧、细菌等对管道外壁的腐蚀作用，为确保安全，美国的二氧化碳管道外部一般还会涂覆一层环氧树脂或聚氨酯，并外加全阴极保护。

除腐蚀外，威胁二氧化碳管道安全运行的另外一种可能是管道裂纹。二氧化碳管道的运行压力较高，在长期运行中容易产生微裂纹，微裂纹会逐步发展成为宏裂纹。造成裂纹的原因主要有三个：① 管道在轧制、焊接过程中留下残余应力；② 管道所处环境的温度和压力频繁波动；③ 压力管道长期运行中存在疲劳腐蚀、动静载荷腐蚀、氧化腐蚀和氢腐蚀等。裂纹是对二氧化碳管道安全运行威胁最大的一种因素，如果没有及时处理，会进一步导致管道的泄漏甚至爆管。二氧化碳管道最容易出现的裂纹是轴向裂纹。美国强化采油项目的二氧化碳管道在预防轴向裂纹方面的经验是，在管道沿线定间隔设置防裂纹管箍（一般间距为 500 m 左右）就能够有效预防轴向裂纹的出现和传播。另外，增大管道的壁厚也能够有效防止管道轴向裂纹的出现。

4. 管道的辅助部件

除了管道自身和增压泵站外，还包括若干重要的辅助部件，主要包括阀门和相关监测仪表等。

1） 阀门

阀门一般设置在泵站和监测站附近以及二氧化碳注入点周围，以实现对二氧化碳输送的控制。为了在二氧化碳发生意外泄漏或管道维修时能够截断管道，一般需要沿着管道每隔一段距离设置一个断流阀。断流阀间距的选取也非常关键：如果断流阀间距过大，则两个断流阀之间的管道所包含的二氧化碳的量就大，一旦需要维修或是在两个断流阀之间发生泄漏，需要排空的二氧化碳的量就大；而如果断流阀间距取得过小，则管道自身的建设成本就会升高，同时二氧化碳在断流阀处发生泄漏的可能性也会增加。因此断流阀的间距需要综合考量各方面因素才能够确定，一般间距取 16 ~ 32 km。另外，管道在经过某些特殊地区时——比如铁路、重要公路、河流或人口密集区域——断流阀间距就要取得小一些；而在一些荒无人烟的地带时，断流阀间距可以取得稍微大一些。

2）监测仪表

为确保二氧化碳管道的安全运行，沿二氧化碳管道还需要设置一定数量的监测仪表，用以监测管道中二氧化碳的流量、压力以及温度等参数，作为操作人员判断管道状态的依据。这些仪表一般安装在增压泵处和计量站处，有时也装在断流阀处。美国的强化采油二氧化碳管道还安装了 SCADA 系统（supervisory control and data acquisition system），该系统能够对管道沿线的增压泵和管道自身进行远距离监控和操作，使二氧化碳管道运输监测和控制的及时性、有效性和安全性大为增加。中国应该充分借鉴美国强化采油二氧化碳管道建设和运行的经验。

5. 管道的掩埋

位于陆地上的二氧化碳管道，除了计量站和泵站等部分以外，管道的绝大部分一般都被掩埋在地下，掩埋深度一般为 1 ~ 1.2 m。根据美国的经验，对于浅海地区海底的压力管道，一般也需要将管道掩埋在海床下，以防止其受到捕捞设备或其他浅海作业设备的损害。对处于较深海域的压力管道，只有直径小于 400 mm 时才被放入管沟中，有时还需将其掩埋起来。对于不同的项目，二氧化碳运输管道的掩埋深度会根据该项目的实际条件而略有不同。

3.2.2 二氧化碳管道的选址和建设

二氧化碳无色、无嗅、无味，无毒、不可燃而且易溶于水。当空气中二氧化碳含量过高时，会对人类的生命安全和健康造成威胁：空气中二氧化碳浓度超过 2% 时就会引起人体中枢神经系统的衰弱；浓度超过 10% 时，人体就会由于窒息而死亡。二氧化碳比空气重，因而如果发生泄漏，在通风不良的情况下，很容易在较低的地方聚集并达到危险的浓度。另外，二氧化碳如果大量进入水体或土壤，还会造成水体和土壤的酸化。水体的酸化首先会对人类的正常饮用造成影响，另外还会造成水生生物因缺氧而死亡，引起水体的生态灾难。土壤的酸化会直接危害土壤中植物根系以及土壤中动物、微生物群体的呼吸系统，破坏土壤生态系统。

基于以上的信息，可以做出一个基本的判断：一旦出现事故，发生二氧化碳大规模的泄漏，可能会对沿线居民的健康和生命以及沿线地区的生态环境造成较大的威胁。所以，在进行二氧化碳运输管道的选址时，需要充分评估二氧化碳泄漏对管道沿线地区产生的影响，尽可能地使二氧化碳管道避开人口稠密地区、地震活动活跃地区或是生态脆弱区域。不过，这里有一点需要注意，在二氧化碳管道的建设早期，由于数量少，是有可能完全避开各种敏感区域的，但是随着 CCS 实施规模的扩大和二氧化碳管道数量的大幅上升，不可避免地会有一些二氧化碳管道通过敏感地区。在这种情况下，往往需要对经过此类地区的管道加装额外防护装置并制定更为严密的运行和应急方案。

3.2.3 二氧化碳管道的监测和安全性问题

3.2.3.1 二氧化碳管道的监测

为保证二氧化碳管道的安全运行，需要在运行过程中对管道进行监测，以便及时发现或预警二氧化碳管道事故的发生。需要监测的参数包括二氧化碳的流量、压力和温度等，这些参数是管道运行操作人员判断管道中二氧化碳流动和管道自身状态的重要依据。管道监测在油气开采行业已经是非常成熟的技术，这些技术基本上能够满足二氧化碳管道监测的需求，因此并不存在技术方面的障碍。

不过，由于二氧化碳泄漏可能对沿途居民的生命健康和局部环境造成严重影响，二氧化碳管道的监测方案可能要比天然气管道还要严密，例如增加管道沿线监测仪器的数量、加大数据采集频率、采用更灵敏的新型监测技术、降低管道监测的报警阈值等。

除仪器监测，人工监测也是二氧化碳管道监测的重要可选方案。人工监测一般包括看和闻两种方式。在发生二氧化碳大量泄漏的情况下，由于泄漏到环境中的二氧化碳会迅速膨胀吸热，因此在泄漏点周边区域有时能够看到由于空气急剧降温导致水蒸气凝结而产生的“白雾”，这通过人的肉眼能够清楚地观察到。因此，安排监测人员定期沿管道巡视也能够提高管道监测的准确性和及时性。另外，可以借鉴城市煤气行业的经验，向二氧化碳中加入少量的具有明显特殊气味的气味剂，如硫醚、二硫化物和含硫的环状结构化合物等。一旦二氧化碳管道发生泄漏，管道沿线地区的居民和工作人员能够在很短时间内嗅出气味剂的味道，从而察觉二氧化碳泄漏事故的发生。但是，向二氧化碳中添加气味剂通常会增加管道的运行成本，而且气味剂的存在也导致注入地下的二氧化碳中含有更多的杂质。

3.2.3.2 二氧化碳管道的安全性

从美国多年的二氧化碳管道运营经验来看，二氧化碳管道数量不断增长所带来的危险应该是较小而且可控的。美国交通部的数据显示，在 1990—2002 年间，美国数千公里的二氧化碳管道共发生事故 10 次，其中泄压阀失效 4 例，阀门/垫圈/焊缝的密封失效 3 例，腐蚀 2 例，外力原因 1 例，平均事故发生率为 0.000 32 次/(y · km)；而同期，美国数十万公里的天然气管道的平均事故发生率为 0.000 11 次/(y · km)，欧洲的石油管道的平均事故发生率为 0.000 3 次/(y · km)。可见，二氧化碳管道的安全性基本上与油气管道相当。同时，二氧化碳管道事故造成的平均损失也小于天然气管道或其他危险液体管道。在美国发生的 10 次二氧化碳管道事故中，没有造成过人员伤亡，造成的财产损失也很小（损失总额仅为 469 000 美元），而同期统计的美国和欧洲的油气管道单次事故的最低损失为 50 000 美元。当然不可否认的是，美国二氧化碳管道事故发生率较低、造成损失较小的一个原因是到目前二氧化碳管道的总里程与油气管道相比仍然要小得多，而且由于数量少，目前建成的二氧化碳管道大都位于人烟稀少的地区。

3.3 二氧化碳的运输成本

三种二氧化碳运输方式的成本主要由资金成本、运营成本和运（航）次成本构成。在大规模的二氧化碳运输过程中，管道和轮船两种运输方式均呈现出明显的规模效应，如图 3.3 所示。

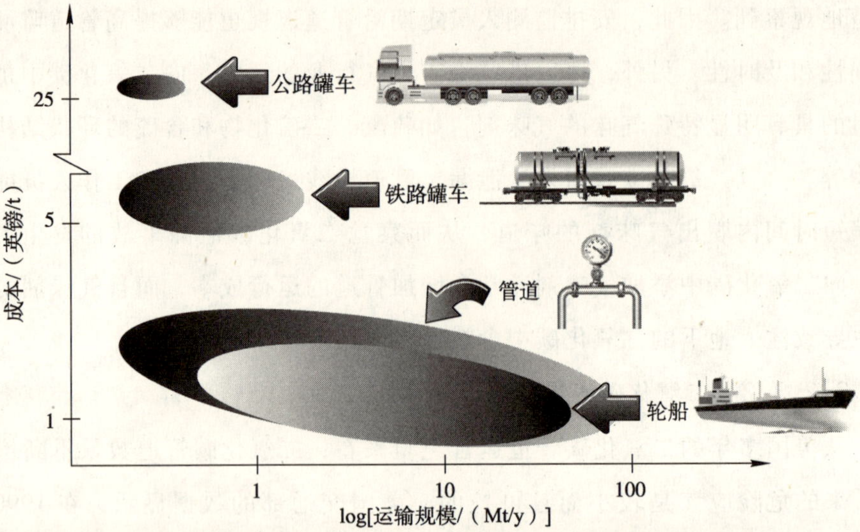

图 3.3　三种运输方式的成本与规模效应

对于长距离、大规模的二氧化碳输送，管道运输是目前最经济合理的方法（表 3.3），例如当二氧化碳的年输送量达到 200 万吨以上，管道运输距离在 200～600 km 的情况下，二氧化碳的运输费用在 3～10 美元/t。由于二氧化碳在管道运输中要保证液相状态，管线必须耐压隔热，管道材质、配套设施和施工技术水平要求高，因此在管道运输的成本中，固定资产一般占比达到 70%～80%，例如加拿大 Weyburn 油田的强化采油项目，运输管道长度 328 km，2000 年建造时的总成本为 1 亿美元。

表 3.3　各种运输技术的经济比较

项目	公路罐车运输	管道运输	船舶运输
一次性投资额	较少	高	高
工艺复杂程度	简单	复杂	复杂
运输规模	较小	大	大
运营费用	低	高	高
单位运输成本	高	低	低

当前 CCS 项目多处于示范阶段，由于规模小、运输量小，二氧化碳源

汇匹配存在变数，应主要采取公路罐车，或铁路与公路罐车运输相结合的方式运输二氧化碳。当 CCS 进入大规模产业化时，二氧化碳的运输量大、运输方向确定，需要首先进行区域内的源汇匹配，才能制定高效的运输规划，根据具体情况可采用管道运输或船舶运输方式。

第 4 章　二氧化碳封存现实吗?

在美国，二氧化碳被注入地下以实施提高采收率法采油操作，已有数十年；每年约有 4 800 万吨的大多为自然生产的二氧化碳基于此目的被注入地下。

——美国能源部，国家能源技术实验室

4.1　二氧化碳的地下封存

4.1.1　地下封存概述

科学家相信地球有足够大的容量来封存注入的二氧化碳。据联合国政府间气候变化专家组（IPCC）估算，全球的潜在容量为 2 万亿吨，而实际容量可能比此数字更大。目前的现状是，有关碳捕获与封存（carbon capture and storage，下称 CCS）难题的多个部分已被单独解开并得到验证，却没有建成一座运用该技术的商业性工程。在 CCS 被商业化之前，建立一个运用该技术的商业性工程是很重要的一步。同时，现有项目和研究提案有助于研究人员和操作员获取工作经历和资料，这些对改进技术、降低成本以及验证 CCS 潜力和封存能力，都是必需的。

人类在 CCS 项目方面，已拥有数十年的操作经验，包括向地下注入二氧化碳以提高石油采收率，以及类似于 CCS 的应用，如酸性气体的注入和天然气的封存。有三个每年注入100万～200万吨二氧化碳的大规模存储项目，已运行了多年，而五个较小的项目（见表4.1），目前正在积极开展，另外还有一些用于工业方面的专门捕获项目。这些工业层面的经验，可从多数研究型CCS项目、政府间和工业合作企业、研究规划和利益相关者网络中得以补偿。任何此类操作，均未对安全、健康和环境造成任何不利。

表4.1　已经开展二氧化碳封存的项目

项目名称	国家	开始井下注入（年份）	日平均井下注入 CO_2 的大致速度/(t/d)	（规划的）CO_2 封存总量/t	封存储层的类型
Weyburn	加拿大	2000	3 000～5 000	20 000 000	EOR
In Salah	阿尔及利亚	2004	3 000～4 000	17 000 000	天然气田
Sleipner	挪威	1996	3 000	20 000 000	咸水层构造
K12B	荷兰	2004	100	8 000 000	增强的气体回收
Frio	美国	2004	177	1 600	咸水层构造
Fenn 大山谷	加拿大	1998	50	200	ECBM
Qinshui 流域	中国	2003	30	150	ECBM
Yubari	日本	2004	10	200	ECBM
Recopol	波兰	2003	1	10	ECBM
Gorgon（规划中）	澳大利亚	2009	10 000	未知	咸水层构造
Snøhvit（规划中）	挪威	2006	2 000	未知	咸水层构造

注：一些项目正在进行之中，另一些正在规划之中，其商业应用试点规模大小不一。

二氧化碳的地下封存可以在三种类型的地质构造中进行，即石油和天然气储层、深咸水层构造和不可开采的煤层。在每种类型中，二氧化碳的地质封存都是将二氧化碳压缩液注入地下岩石构造中。含流体或曾经含流体（如天然气、石油或盐水等）的多孔岩石构造（如枯竭的油气储层）都是潜在的封存二氧化碳的可选择对象。在沿岸和沿海的沉积盆地（充有沉积物的地壳内的大规模天然凹地）中存在合适的封存构造。假设煤床有充分的渗透性且这些煤炭以后不可能开采，那么该煤床也可能用于封存二氧化碳，如图 4.1 所示。在煤床中封存二氧化碳并提高甲烷生产的方案仍处在示范阶段，如表 4.1 所示。

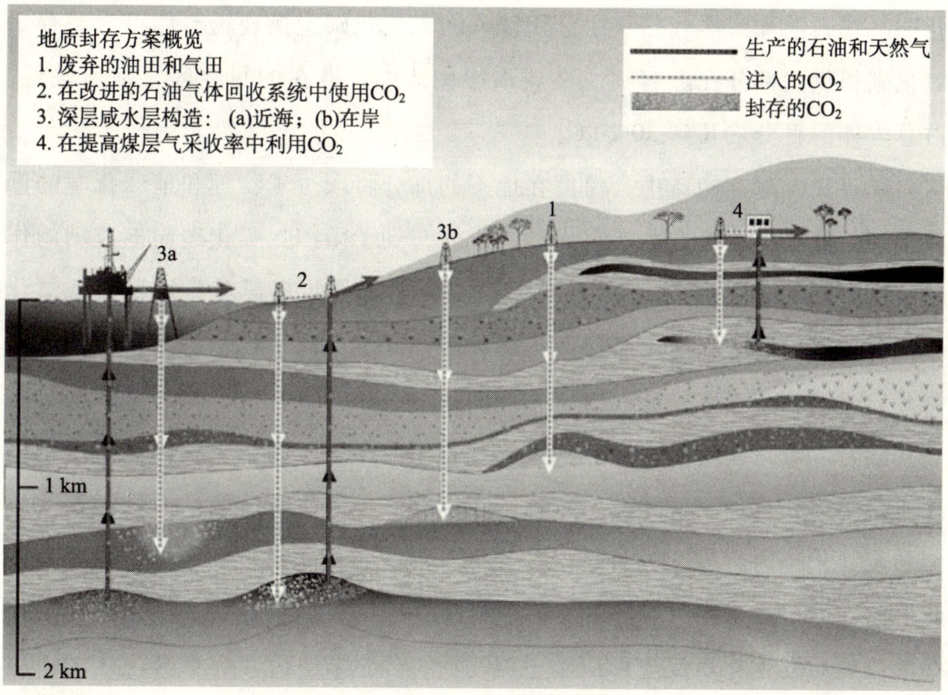

图 4.1　地质封存方案概览

4.1.2　二氧化碳地下封存技术和机制

向深层地质构造注入二氧化碳涉及许多在石油和天然气开采和制造业中研发的技术。为地质封存的设计和运行，目前正进一步发展钻探技术、井下注入技术、计算机模拟封存储层的动力学以及从现有应用中总结出的监测方法。其他的地下注入实践也提供了相关的运行经验。尤其是自 1990 年以来，加拿大和美国开展了兆吨规模的天然气封存、液体废弃物的井下注入和酸性气体（二氧化碳和硫化氢的混合物）的处置。

在碳氢化合物储层或深咸水层构造中的二氧化碳应封存在 800 m 深度以

下，此处的周边压力和温度通常使二氧化碳处于液体或超临界值的状态。在这种条件下，二氧化碳的密度是水密度的50%～80%。该密度接近某些原油的密度，产生驱使二氧化碳向上的浮力。因此，选择具有良好封闭性能的冠岩储层十分重要，以确保把二氧化碳限制在地下。当被注入地下时，二氧化碳通过部分置换已经存在的流体（“现场流体”）来挤占并充满岩石中的孔隙。在石油和天然气储层中，用注入的二氧化碳置换现场流体可为封存二氧化碳提供大部分孔隙容积。在咸水层构造中，潜在的封存容量估值较低，占总岩体的百分之几到30%以上。

一旦注入封存构造中，保留在地下的部分将取决于物理和地球化学的俘获机理。储层构造上方的大页岩和黏质岩起到了阻挡二氧化碳向上流动的作用。这个不透水层是“冠岩”。毛管力提供的其他物理俘获作用可将二氧化碳留在储层构造的孔隙中。然而，在许多情况下，储层构造的一侧或多侧保持开口，以便于二氧化碳在冠岩下侧向流动。

随着二氧化碳与埋存区域的流体和寄岩发生化学反应，就出现了所谓的地质化学俘获机理。首先，二氧化碳在埋存区域的水中溶解。一旦（在几百年乃至几千年内）发生这种情况，充满二氧化碳的水就变得越来越稠密，因此沉落在储层构造中（而不再向地面浮升）。其次，溶解的二氧化碳与岩石中的矿物质发生化学反应形成离子类物质，经过数百万年，部分注入的二氧化碳将转化为坚固的碳酸盐矿物质。

然而，当二氧化碳被偏好吸收的煤或有机物丰富的页岩吸附，就开始置换甲烷类气体，在这种情况下，只要压力和温度保持稳定，那么二氧化碳将长期保持俘获状态。与碳氢化合物储层中二氧化碳的封存地点和咸水层构造相比，这些过程通常发生在更浅的深度上。

在各种可用于二氧化碳封存的储层中，咸水层是最典型的一种，咸水层实现二氧化碳封存的过程中包含了地质封存所涉及的大多数典型封存机制，因此，这里我们以咸水层为例，详细介绍储层实现二氧化碳长期封存的各种机制。

一般来说，二氧化碳在咸水层中的长期封存是通过以下几种机制实现的。

1）构造封闭

构造封闭是实现二氧化碳地质封存最重要的一种机制。二氧化碳在注入储层之后，由于密度一般比储层原有流体小，因此会逐渐上浮。为保证将二氧化碳封闭在储层之中，储层的上方必须拥有一个良好的“盖层”以“盖住”下面的二氧化碳。盖层一般是由非常致密的岩石组织构成的地层结构。盖层中一般没有或是只有非常微小的孔隙结构，渗透率非常低，上浮到盖层位置的二氧化碳无法通过渗透等作用穿过盖层，从而被牢牢地困在盖层的下方，如图 4.2 所示。另外，由于二氧化碳注入储层后有可能在水平方向发生移动，因此盖层要具有较大的水平面积，以防止二氧化碳运动到盖层边缘并进入周围的地层。在某些情况下，储层自身的性质也会沿水平方向逐渐发生变化，最终变为不可渗透的岩石结构，这时，储层就形成了一种自封闭的结构。

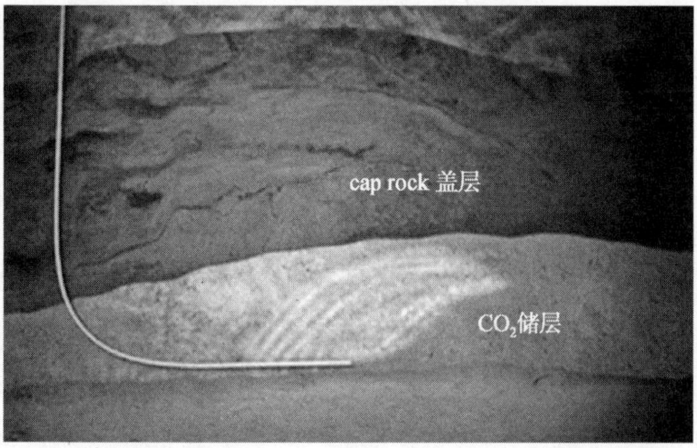

图 4.2　盖层对注入储层的二氧化碳的“构造封闭”的原理示意图

除渗透率低外，一个良好的盖层还应具有较高的断裂强度，以确保盖层在二氧化碳注入过程中不产生裂缝或断层。如果盖层产生了断裂，将可能为注入储层的二氧化碳提供渗透的通道，造成二氧化碳泄漏。

盖层对二氧化碳的构造封闭作用是二氧化碳被注入地下储层之后数十年甚至数百年中最主要的封存机制。

通常，能够作为盖层的岩石类型包括粉砂岩、泥岩、硬石膏、页岩等。

粉砂岩、泥岩都是由细小的岩石颗粒在较高的压力作用下形成的，孔隙度非常小；硬石膏是一种蒸发岩，孔隙度很小，而且在 1 000 m 以下的较高地层压力下，硬石膏具有良好的延展性和可塑性，在压力下能够发生弯曲而不易产生断裂，因此是很好的盖层类型；页岩则是人类目前探明的大部分油气田的盖层类型，这一比例达 60%，剩余的 40% 的油田的盖层通常都是硬石膏。

2）残相封闭或毛细管封闭

用于二氧化碳地质封存的储层一般都具有一定的孔隙度，也就是说储层会存在一定数量的孔隙空间，这些孔隙空间有时也被称为毛细管。二氧化碳被注入储层中后，在注入压力和向上的浮力的共同推动下，将会进入到这些孔隙空间中。在这些孔隙中，可能会存在一定数量的狭小的通道，二氧化碳需要在较大的压力下才能够“挤”进去。而且，在二氧化碳挤进去的过程中，原来占据这些窄小通道的流体会被挤出。由于这些通道的尺寸非常小，二氧化碳一旦挤进去之后，大部分都无法突破通道外部流体的压力，从而被长期封在里面了。这就是实现将二氧化碳长期封存在储层中的第二种物理机制，通常被称为残相封闭或是毛细封闭，如图 4. 3 所示。

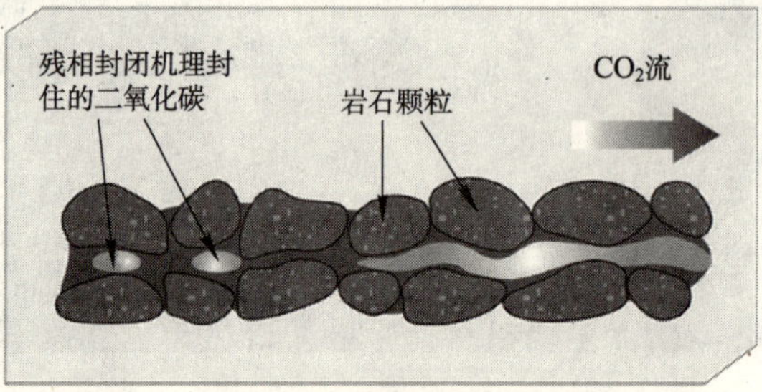

图 4. 3　残相封闭机理示意图

残相封闭也是二氧化碳地质封存中非常重要的一种封存机制。与地层封闭和构造封闭有所不同，残相封闭过程并不会在二氧化碳注入储层之后马上发生，而是在注入一段时间之后才能够发生。残相封存也是二氧化碳注入储层后几百年到上千年中最重要的封存机制之一。

3）溶解封存

在注入二氧化碳之前，储层之中通常会充满或充有一定数量的流体，这些流体可能是盐水，也可能是油气等。这里以咸水层为例对溶解封存的机理进行介绍。二氧化碳在水中具有一定的溶解度，在注入储层一段时间后，一部分二氧化碳会逐渐溶解在盐水中。二氧化碳一旦被溶解，就不再处于自由态，也不再受到浮力的作用。而且，溶解了二氧化碳并达到饱和的盐水的密度会增大，所以溶解了二氧化碳的饱和盐水会在重力的作用下缓慢下沉到储层的下部，而未溶解二氧化碳的盐水则上浮到储层上部，并溶解更多的二氧化碳。经过一段时间之后（通常是几百年甚至上千年），会有相当比例的二氧化碳被溶解在盐水之中。这就是溶解封存实现的机理，如图 4.4 所示。

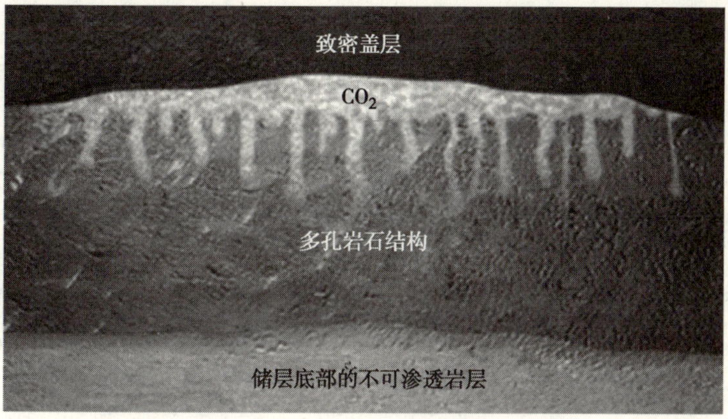

图 4.4　储层中二氧化碳溶解封存机理示意图

随着二氧化碳不断被溶解，并随盐水运动到储层的下方，储层内部的压力以及二氧化碳对盖层产生的浮力也会随之降低，因此二氧化碳在压力或浮力的作用下透过盖层、沿微小缝隙通过盖层、或是盖层因压力发生断裂导致二氧化碳大规模泄漏的概率也随之逐渐降低，从而使二氧化碳地质封存储层的安全性不断得到提高。溶解封存机理通常会在二氧化碳注入储层之后很快发生作用，但是速度极慢，在数百年甚至上千年后才有可能对二氧化碳地质封存的最终实现发挥显著的作用。

对于溶解封存，有一点需要特别注意：二氧化碳溶解在储层流体中并不能保证其永久停留在储层流体中，当外部环境突然发生变化时——比如储层压力突然下降或是温度突然上升，溶解的二氧化碳还有可能突然释放出来。

这对于二氧化碳强化采油封存活动的影响很大，因为随着原油的采出，储层的压力会随之下降，这可能造成溶解在水或原油中的二氧化碳突然析出或溶解，并进一步加剧油层内部压力的波动。

4）矿化封存

二氧化碳溶解在储层中后，一部分会与水发生化学反应，反应的化学方程式为

$$CO_2(g)+H_2O \leftrightarrow H_2CO_3 \leftrightarrow HCO_3^- + H^+ \leftrightarrow CO_3^{2-} + 2H^+$$

二氧化碳与水反应生成碳酸，碳酸是一种酸性较强的弱酸，随后会在水中电离出 H^+、CO_3^{2-} 和 HCO_3^- 等离子，使得盐水具有一定的酸性。储层中的多孔物质一般多为砂岩、石灰岩、白云石等，其主要成分是 Ca、Mg、Al 等的碳酸盐和硅酸盐，二氧化碳溶解形成的碳酸能够与这些岩石结构发生缓慢的化学反应，方程式分别为

$$3(KAlSi_3O_8)+2H_2O+2CO_2 \leftrightarrow KAl_2(OH)_2(AlSi_3O_{10})+6SiO_2+2K^+ +2HCO_3^-$$

$$3(NaAlSi_3O_8)+2H_2O+2CO_2 \leftrightarrow NaAl_2(OH)_2(AlSi_3O_{10})+6SiO_2+2Na^+ +2HCO_3^-$$

$$3(CaAl_2Si_2O_8)+4H_2O+4CO_2 \leftrightarrow CaAl_4(OH)_4(AlSi_3O_{10})_2+2Ca(HCO_3)_2$$

$$3(CaAl_2Si_2O_8)+4H_2O+4CO_2 \leftrightarrow CaAl_4(OH)_4(AlSi_3O_{10})_2+2Ca(HCO_3)_2$$

$$CaCO_3+H_2O+CO_2 \leftrightarrow Ca(HCO_3)_2$$

$$CaMg(CO_3)_2+2H_2O+2CO_2 \leftrightarrow Ca(HCO_3)_2+Mg(HCO_3)_2$$

储层岩石与碳酸发生反应，使碳酸逐渐转化为碳酸氢盐和硅酸盐，盐水中碳酸数量逐渐减少，盐水的酸性被不断中和。根据化学反应平衡的原理，随着盐水中碳酸含量的降低，盐水中更多的二氧化碳继续与水反应生成碳酸，同时碳酸又不断地与岩石反应而被消耗。随着溶解的二氧化碳不断地与水反应，盐水中溶解的二氧化碳的数量也不断地减少，则原来受限于溶解度而没有溶解的二氧化碳又不断地溶解。上述过程可以简单地用图 4.5 来表示。

图 4.5　注入的二氧化碳从溶解直到与岩石发生反应的过程链的示意图

这样一来，随着时间的不断推移，位于二氧化碳和盐水交界面的二氧化碳的数量会随着溶解→生成碳酸→电离→与岩石反应这一链条的逐渐向右进行而不断地减少，而最终与岩石反应的、不断被消耗的二氧化碳的数量会不断增多，直到整个反应系统达到平衡为止。这时，注入储层的二氧化碳已经有相当一部分溶解在盐水中。一部分二氧化碳与盐水反应生成了碳酸，生成的碳酸则电离为 H^+ 和 HCO_3^- 两种离子，更有相当大一部分的二氧化碳通过与岩石的中和反应最终生成了碳酸氢盐和硅酸盐（因为碳酸氢盐和硅酸盐的溶解度都很小，所以这些碳酸氢盐大部分都会附着在储层原来的多孔的岩石结构表面，成为岩石结构的一部分）。至此，整个储层中的压力水平以及自由态的二氧化碳含量降到了自二氧化碳注入完成以来的最低水平，盖层受到的来自二氧化碳上浮的压力大大降低，储层的安全性也达到注入完成以来的最高水平。

在如上所述的矿化封存机理中，虽然二氧化碳的矿化从其溶解在盐水中就开始发生，但由于几乎所有的化学反应速度都非常慢，矿化封存的整个过程需要延续上千年的时间才能最终完成。

下面主要介绍二氧化碳强化驱油及地质封存在国内外油田的实际应用。

北美是开展二氧化碳驱油项目最多的地区。2005 年，美国实施注气方法生产的原油年产量首次超过热采原油的年产量，使注气法成为其最主要的驱油方法。目前，美国每年注入油藏的二氧化碳量约为 2 000 万 ~ 3 000 万吨，其中有 300 万吨二氧化碳来源于煤气化厂和化肥厂的尾气。仅 2004 年，美国实施的二氧化碳驱油项目就有 71 个。加拿大实施了 Weyburn 驱油项目，在 Dakota 捕获的二氧化碳通过管道输送 300 km 运到 Weyburn 油田用于驱油，在项目的执行期内额外生产了 15 500 万桶石油并封存了 3 000 万吨的二氧化碳。该项目的主要目标是预测和验证石油储层是否能够安全和经济地用于二氧化碳的地质封存，并查明二氧化碳在特定环境中的长期流动情况。第一阶段模拟的结果表明，Weyburn 是有效的地质“封存库”，模拟注入 5 000 年后将只有 27% 的二氧化碳流到采油区外，但仍处于封存区内，因此适合于长期的二氧化碳地质封存。Weyburn 项目发展了一套全面的、经国际同行审查的数据集，其中包括基准监测测量（注入前）数据，以及封存地点最基本的记录要求：井压以及注入率和生产率。

俄罗斯在二氧化碳驱油技术上也取得了一定成果，早在1953年，就开始了室内试验。第一阶段用二氧化碳和水交替注入驱油，1963年起在图依马津等五个油田进行了工业性试验，其后研发了比碳化水更好的交替注水和气态二氧化碳段塞工艺，并用于巴什基里亚等几个油田。在工业试验的基础上，奥利霍夫等油田的开发中采用了二氧化碳段塞驱油技术，包括液态二氧化碳驱、混相驱和非混相驱。混相驱油试验结果表明，使用较大的二氧化碳段塞体积时驱油效率高，最高可达94%~99%。

在土耳其，二氧化碳气源充足，最大的Batiraman稠油油田（储量达7.018×10^{11} m^3）采用了二氧化碳吞吐开采技术，采出的原油为$1.311\ 6\times10^{10}$ t，约为原始地质储量的5%，增加的产量为8.112×10^{9} t。

中国对二氧化碳驱油方法的研究起步较晚，与国外尚有一定差距，但近几年随着稠油和低渗油藏的开采，二氧化碳驱油呈快速发展态势。1963年，中国首先在大庆油田对二氧化碳驱油进行了研究。吉林油田自1995年开始进行了二氧化碳单井吞吐试验；利用金塔气田的液态二氧化碳吞吐和二氧化碳泡沫压裂100井次以上，累计增油1 420 t。1996年，在江苏富民油田48井进行了二氧化碳吞吐试验，并开展了二氧化碳驱油试验，至2002年年底累计实施了36井次，获得了很好的驱油效果，有效率由33.3%提高到87.5%。江苏油田富14断块在保持最低混相压力的状态下，于1998年年末开始了二氧化碳—水交替注入试验，试验区采油速度由0.5%升至1.2%。胜利油田于1998年开始进行二氧化碳单井吞吐增油效果的试验，单井平均增产200 t以上。

4.1.3 封存地点的地理分布和容量

全球各区域都存在可能适合二氧化碳封存的沉积盆地，包括沿岸和沿海地区。本书重点放在油气储层、深层咸水层构造和不可开采的煤层。其他可能的地质构造或结构（比如玄武岩、石油或天然气储岩、盐穴和废弃矿井）也可考虑，但目前尚未开展过充分的研究以评估其潜力。

基于现有的文献，表 4.2 给出了三种不同地质封存方案技术潜力的估值。由于文献中没有采用概率方法对封存能力进行评估，而且存在较多的不确定性因素，因此总体估值，尤其是咸水层这一地质结构的潜力的上限估值变化不定，存在较大的差异，这也反映出这样一个事实：世界上大多数地方对咸水层构造的认知是有限的，因此对咸水层的存储潜力仍然需要做进一步的评估。对于石油和天然气储层，有较好的估值，这是基于用二氧化碳的容量代替碳氢化合物的容量。应该注意的是，除强化采油之外，这些储层需要等到碳氢化合物采尽后才能用于封存二氧化碳，且由于碳氢化合物生产带来的压力变化和地质力学效应可能会使实际的封存能力降低。然而，考察封存潜力的同时我们还要考虑另外一个问题：二氧化碳的排放量是否会多到这样的程度？人类需要在不同的温室气体稳定的情景下和在部署其他有关缓解方案的假设下通过 CCS 避免出现如此之多的二氧化碳排放量。根据目前的情况可以预计 21 世纪的 CCS 的经济潜力①大约为 2 000 亿 ~ 20 000 亿吨二氧化碳。

表 4.2　几种地质封存方案的能力估值

储层类型	封存能力的低估值（千兆吨 CO_2）	封存能力的高估值（千兆吨 CO_2）
油气田	675[a]	900[a]
不可开采的煤层（ECBM）	3 ~ 15	200
深层咸水层构造	1 000	不确定，但可能为 10^4

a 如果评估中包括“未被发现的”油气田，那么此估值将增加 25%。

为勘探石油和天然气储层、天然气封存地点以及废液处置地点所开发的技术也适于鉴定二氧化碳地质封存场所的特征，例如地震成像、为评价封存构造和储层所进行的抽水试验、水泥完整性记录等。模拟地下二氧化碳运动

① 经济潜力是指在现行的条件下（即减少二氧化碳排放所具有的市场价值和其他选择方案的成本），能够以成本效益好的方式实现某种特定选择方案时的温室气体的减排量。

的计算机程序被用于支持地点鉴定及各种选择活动。最初开发这些程序是为了各种应用，如石油和天然气工程技术以及地下水资源调查。用这些程序预测二氧化碳封存的短期和长期性能不但需要许多物理、化学和地质力学知识，还需要更多的经验，以便建立这些程序的可信度，证明在二氧化碳封存后能有效地预测其长期性能。此外，拥有好的封存场所的特征资料对模拟的可靠性至关重要。

4.1.4 风险评估和环境影响

地质储层中二氧化碳封存渗漏所引发的风险分为两大类：全球风险和局部风险。全球风险包括，如果封存构造中的部分二氧化碳泄漏到大气中，那么释放出的二氧化碳可能引发显著的气候变化。此外，如果从封存构造中泄漏二氧化碳，那么可能给人类、生态系统以及地下水造成局部灾害，这就是局部风险。

关于全球风险，根据对目前二氧化碳封存地点、自然系统、工程系统和模式的观测和分析，保留在经过适当选择和管理的储层中达 100 年之久的二氧化碳很可能超过 99%，而历经 1 000 年之后仍可能有超过 99% 的二氧化碳被保留下来。上述被保留下来的二氧化碳可能会历经更长的时间，因为随着时间推移，渗漏的风险会逐渐减少，而其他的机理也为二氧化碳的俘获提供了保证。被保留下来的二氧化碳是否能够永久封存对缓解气候变化具有重要的价值。

关于局部风险，可能发生渗漏的情景有两种。第一种情景是，注入井破裂或废弃油气井泄漏有可能造成二氧化碳突然快速地释放。如果使用目前控制油气井井喷的技术，则可以快速检测二氧化碳泄漏并阻止其释放。二氧化碳的释放主要会影响事发地附近的工人或前来控制井喷人员的健康。空气中二氧化碳的浓度在 7% ~10% 时将立刻危害到人们的生活和健康。控制二氧化碳的释放可能需要数小时乃至数天，虽然与注入的总量相比，所释放的二氧化碳总量可能很小。在石油和天然气行业，采用工程和行政控制措施能够对这些灾害进行有效的管理。

第二种情景是，二氧化碳通过未被发现的断层、断裂或漏泄的油气井发生渗漏，其释放到地面的速度更加缓慢。在这种情况下，灾害主要会影响到饮用蓄水层和生态系统，因为二氧化碳通常聚集在地面与地下水位上部之间的区域。在注入过程中由于二氧化碳的置换，直接泄漏到蓄水层的二氧化碳和进入蓄水层的盐水都会影响地下水。在该情景中，也可能存在土壤的酸化和土壤中氧的置换。此外，如果在无风的低洼地区或位于弥散泄漏上方的蓄水池和地下室发生渗漏，若不能及时检测到该渗漏现象，则人和动物将会受到伤害。在沿海的封存地点的泄漏对人的影响要比在沿岸封存地点所受到的泄漏影响要小。使用各种技术以及根据储层的特征可以判定渗漏的路径。图 4.6 显示了某个咸水层构造的潜在渗漏路径。当了解了这些可能的渗漏路径之后，就可以采取监测和补救策略解决这些潜在的渗漏问题。

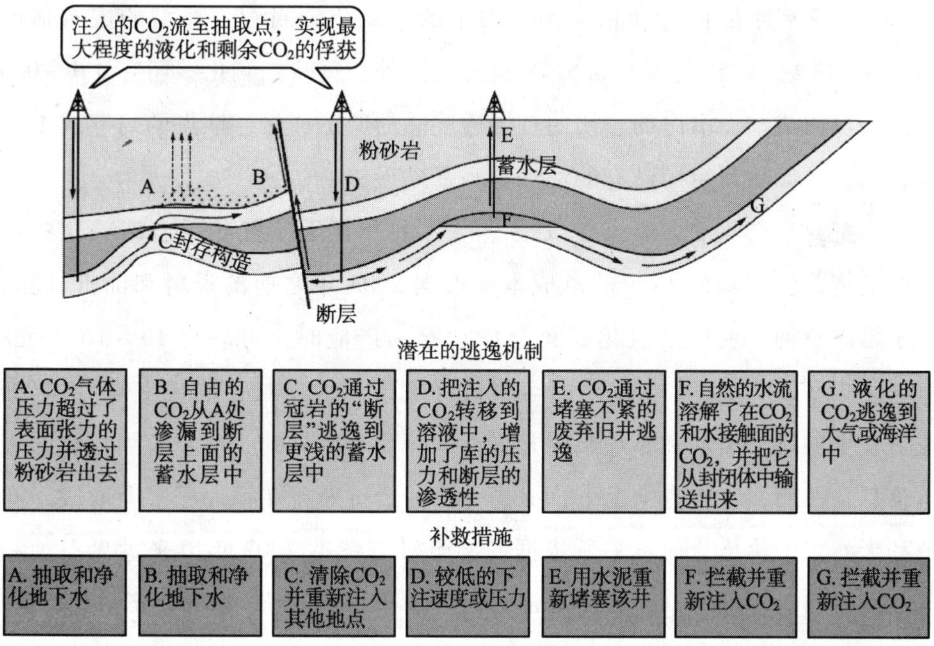

图 4.6　用于注入咸水层构造的潜在的二氧化碳渗漏路径和补救技术

谨慎的封存系统设计和选址以及渗漏的早期检测方案（最好在二氧化碳到达地面之前的一段时间内）是减少渗漏相关灾害的有效方法。现有的监测方法越来越完善，但需要更多的经验来确定检测层面和分辨率。一旦检测到渗漏，就应使用补救技术来阻止或控制渗漏。根据渗漏的类型，这些技术可包括：标准油气井维修技术，或者把渗漏阻挡在一个浅的地下水蓄水层内，以便从中提取二氧化碳，如图 4.6 所示；从土壤和地下水中提取二氧化碳的技术，但成本可能会高。我们需要经验来证明这些技术的实用性，并确定其成本，以便用于二氧化碳的封存。

4.1.5 地质封存的成本

地质封存所采用的技术和设备被广泛地用于石油和天然气工业，因此对于技术潜力较低的封存方案其成本估算具有相对较高的可信度。然而，由于诸如沿岸与沿海、储层深度与封存构造（如渗透度和构造厚度）的地质特点等特定因素的差异，各成本间存在着显著的差异和变化性。

对于在咸水层构造和枯竭油气田中的二氧化碳封存，典型的成本估值为，注入 1 t 二氧化碳需要 0.5 ~ 8 美元。此外，每吨二氧化碳还有 0.1 ~ 0.3 美元的监测成本。沿岸的、浅的、渗透度高的储层和封存地点的封存成本最低，因为可以重新启用已有的油气井和基础设施。

当把封存与驱油、驱煤层气或（潜在的）驱天然气相结合时，这些过程的经济价值可降低 CCS 的总成本。根据 2003 年之前的资料和油价计算，对于沿岸驱油，利用二氧化碳封存增加石油产能时，可获得 10 ~ 16 美元/(tCO_2)（37 ~ 59 美元/t 碳）的净收益（考虑了地质封存的成本）。对仍处在研发中的驱天然气和驱煤层气开采而言，没有可靠的、基于实际经验的成本信息。然而，在所有情况下，提高生产的经济效益在很大程度上取决于石油和天然气的价格。而本书所依据的文献没有考虑 2003 年以来世界石油和天然气价格的上涨因素，并将石油价格假设为 15 ~ 20 美元/桶。若在 CCS 项目实施期间仍维持石油和天然气的较高的价格，那么二氧化碳的经济价值可能要高出本书的估值。

4.2 二氧化碳的海洋封存

4.2.1 海洋封存概述

一种潜在的二氧化碳封存方案是将捕获的二氧化碳直接注入深海（深度在1 000 m以上），如图4.7所示。大部分二氧化碳在这里将与大气隔离若干世纪。该方案的实施办法是，通过管道或船舶将二氧化碳运输到海洋封存地点，在那里把二氧化碳注入海洋的水柱体或海底。被溶解和消散的二氧化碳随后会成为全球碳循环的一部分。图4.8给出了可以采用的一些主要方法。目前海洋封存尚未采用，也未开展小规模试点、示范，仍处在研究阶段，但有一些小规模的外场试验，并有25年的有关二氧化碳海洋封存的理论、实验室研究和模拟研究。

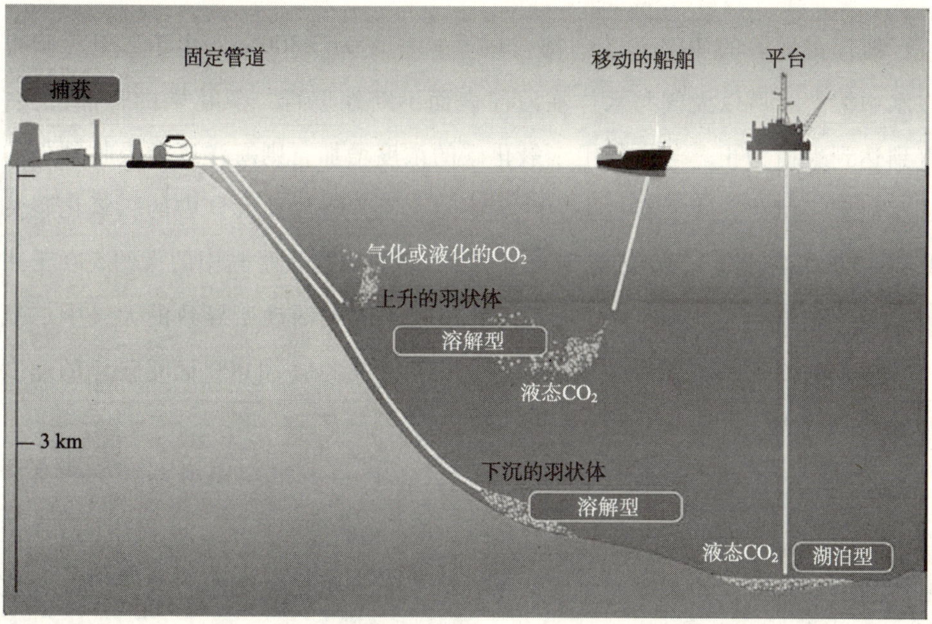

图4.7 海洋封存情景概览（在“溶解型”海洋封存中，CO_2迅速地溶解到海水中；而在“湖泊型”海洋封存中，CO_2成为沉积在海床上的液体）

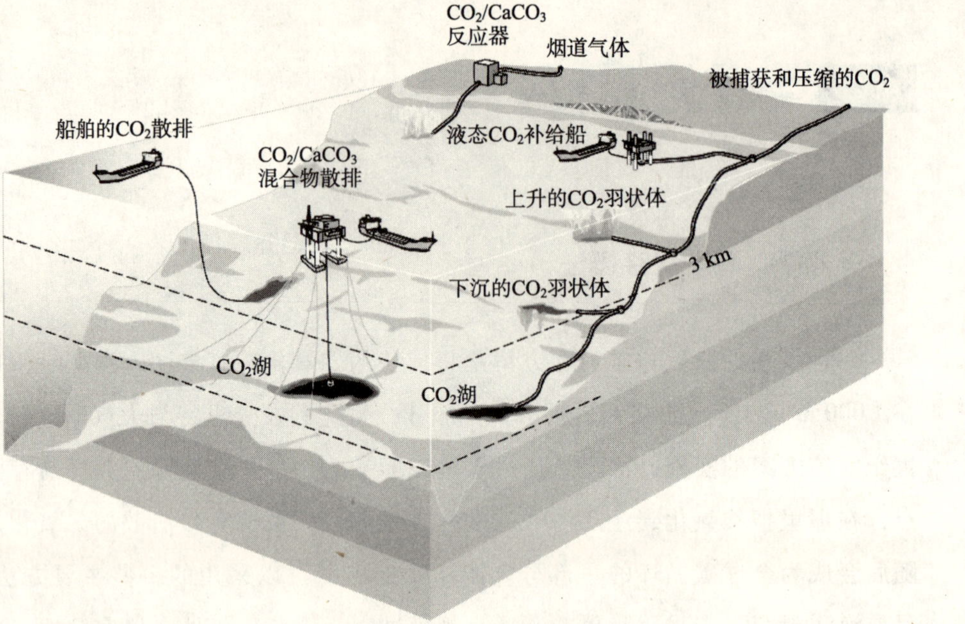

图 4.8　海洋封存的方法

4.2.2　海洋封存机理和技术

海洋占地表的70%以上，海洋的平均深度为3 800 m。由于二氧化碳可在水中溶解，所以大气与水体在海洋表面不断地进行二氧化碳的自然交换，直到达到平衡为止。若大气中二氧化碳的浓度增加，则海洋逐渐吸收额外的二氧化碳。照此方式，在过去200年期间，人为排放到大气中的二氧化碳总共有13 000亿吨（3 500亿吨碳），海洋在此期间吸收了其中的大约500千兆吨二氧化碳（14亿吨碳）。由于工业化过程中人类活动所导致的大气中二氧化碳浓度的增加，目前海洋正以大约每年7千兆吨（20 000亿吨碳）的速度吸收二氧化碳。

目前，大多数二氧化碳都存留在海洋上层，由于在水中二氧化碳呈酸性，导致海洋表面的pH值下降了大约0.1。然而迄今为止，深海中的pH值基本没有变化。模拟的预测结果表明：未来若干世纪，海洋将最终吸收释放到大气中的大部分二氧化碳，因为二氧化碳在海洋表面溶解后会与深海的水混合。

对可封存在海洋中的人为排放的二氧化碳量没有实际的物理限制。然而，在 1 000 年的时间尺度内，封存量将取决于海洋与大气的平衡状况。大气稳定在（350 ~ 1 000）$\times 10^{-6}$时的二氧化碳浓度意味着：如果没有封存二氧化碳的意识，那么 20 000 亿 ~ 120 000 亿吨的二氧化碳最终还将留在海洋中。因此，该量值的范围就是海洋通过主动注入方式封存二氧化碳量的上限。封存能力还将受环境因素的影响，例如 pH 最大允许变化值。

对海洋观测与模拟的分析表明，被注入的二氧化碳将与大气隔绝至少几百年，注入越深，保留的部分就越久远，如表 4. 3 所示。有人提出了增加二氧化碳封存比例的想法：在海底形成固态的二氧化碳水化物或液态的二氧化碳湖，并溶解碱性矿物质，如石灰石等，以中和酸性的二氧化碳。溶解的碳酸盐矿物质可以将封存时间延长约 10 000 年，同时将海洋的 pH 值和二氧化碳分压的变化降至最低。然而，该方法需要大量的石灰石和材料处理所需的能源。

表 4. 3　二氧化碳海洋封存保留比例与注入深度关系的模拟数据

年份	井下注入的深度		
	800 m	1 500 m	3 000 m
2100	0. 78 ±0. 06	0. 91 ±0. 05	0. 99 ±0. 01
2200	0. 50 ±0. 06	0. 74 ±0. 07	0. 94 ±0. 06
2300	0. 36 ±0. 06	0. 60 ±0. 08	0. 87 ±0. 10
2400	0. 28 ±0. 07	0. 49 ±0. 09	0. 79 ±0. 12
2500	0. 23 ±0. 07	0. 42 ±0. 09	0. 71 ±0. 14

注：从 2000 年开始连续注入二氧化碳，每 100 年取值一次；模拟过程利用七个海洋三种不同深度进行。

4. 2. 3　生态和环境影响及风险

注入几千兆吨的二氧化碳将使注入区的海洋化学成分发生变化，并可测量到，而注入数百千兆吨的二氧化碳将使注入区发生更大的变化，最终可在整个海洋体内监测到。模拟时假设二氧化碳从 3 000 m 深度的七个地点开始释放，并假设海洋封存提供了10%的减缓能力，最终将二氧化碳的浓度稳定在550 ppm，模拟结果显示，海洋酸性变化（pH值变化）大约比海洋体的酸性值高出0.4以上。相比之下，若不采取海洋封存而实现550 ppm的稳定水平，则因为要与大气中升高后的二氧化碳浓度保持平衡，所以估计海洋表面的pH值变化要高于0.25以上。在任何一种情况下，海洋pH值在0.2～0.4之间变化都显著大于工业化前的酸度变化值。经过若干世纪，海洋的混合作用将使被注入的二氧化碳失去隔离状态，更多的二氧化碳到达海洋表层水体并进入大气，这一幕将逐渐在各大洋区发生。对于注入的二氧化碳从海洋中突然或大规模地释放到大气中这一现象，目前尚无已知的机理。

试验表明，二氧化碳的增加会损害海洋生物。对此开展了时间尺度为几个月的针对二氧化碳升高对生活在接近海洋表面的各种生物的影响的测试。观察到的现象包括：随着时间的推移，钙化的速度、繁殖与生长、周期性供氧以及活动性皆放缓，死亡率上升。还发现一些生物对二氧化碳的少量增加就会做出反应。预计在接近注入点或二氧化碳湖泊时这些生物会立刻死亡。关于在二氧化碳被直接注入海洋后长时间内对海洋生物和生态系统所产生的慢性影响，目前尚无研究。

目前尚未在深海中开展可控状态下的生态系统试验，只能提供对生态系统产生潜在影响的初步评估结果。而且人们尚未掌握这些后果的性质，也未制定环境标准，以避免产生有害的影响。目前，有关物种和生态系统将如何适应或能否适应持续的化学变化尚不清楚。

4.2.4 海洋封存的成本

虽然没有海洋封存方面的实践经验，但研究者们已尝试估算二氧化碳释放到海底或深海的封存成本。海洋封存的成本不包括捕获二氧化碳并将其运输（例如通过管道）到海岸线所需的成本，但包括沿海管道或船舶的成本以及任何额外的能源成本，如表4.4所示。这些数字表明，短距离固定管道方案会便宜一些。对于长距离，最具有吸引力的做法是使用移动船舶或用船舶将二氧化碳运输到海洋平台上，然后再注入海底。

表 4.4　深度在 3 000 m 以上的海洋封存的成本

海洋封存方法	成本［美元/（tCO_2），净注入量］	
	近海 100 km	近海 500 km
固定管道	6	31
移动船舶/平台[a]	12 ~ 14	13 ~ 16

a 移动船舶方案的成本是指注入深度在 2 000 ~ 2 500 m 的成本。

第 5 章　CCS 技术的发展状况与潜力

对人为的和自然界的类似情况的观测和模式都表明，在适当选择并进行管理的地质封存储层中，被保留的部分很可能在 100 年时间里维持在初始封存量的 99% 以上，并且也有可能在 1 000 年中维持在 99% 以上。

——联合国政府间气候变化专家组

5.1　碳捕获与封存的发展状况

欧盟一直是碳捕获与封存（carbon capture and storage，下称 CCS）的积极倡导者和领跑者，目前世界上达到中等规模的四个 CCS 工程中有三个是欧盟成员国和企业支持的，如表 5.1 所示。其次是澳大利亚，它最早完成了二氧化碳的封存潜力评价，并实施了若干示范工程。美国在布什政府执政时期虽然退出了京都议定书，但一直都在开展 CCS 技术的研发；而奥巴马政府则一改过去的消极态度，采取了重视应对气候变化的政策，近年来在 CCS 领域的投资空前巨大，并宣布将在 2020 年建成 20 个商业化 CCS 工程。

据国际能源署提供的资料显示：英国政府已决定投资四个 CCS 示范工程，其中 7 ~ 95 亿英镑来自电税。加拿大政府决定投资 13 亿加元，其艾伯塔省政府投资 20 亿加元支持 CCS 示范工程。欧盟在 2009 年投资 10.5 亿欧元支持在德国、意大利、荷兰、波兰、西班牙、英国的六个 CCS 示范项目；2010 年 2 月通过了一个机制，从拍卖碳交易额所得中拨 3 亿欧元支持大规模 CCS 和可再生能源示范工程。美国批准了 47 亿美元资助 CCS 项目，其中 23

亿美元用于资助商业规模的煤电 CCS 工程。澳大利亚已决定由政府投资 25 亿澳元，州政府投资 5 亿澳元，煤炭业投资 10 亿澳元，用于开展大规模的 CCS 示范工程。

表 5.1 世界范围内的 CCS 示范工程

项目	地点	股东	CCS 价值链重点	燃料类型	技术重点	装机容量	状态
Weyburn	加拿大和美国	IEA 温室气体研发规划	C，T，S	—	存储：EOR	—	运营中
Killing-Holme	英国	E. ON	C，T，S	煤炭，小活栓	燃烧前处理	4.5×10^5 kW	可行性研究 2011
Callide A	澳大利亚	CS 能源	C，T，S	煤炭	氧化燃料	3.0×10^4 kW	建设中 2009
SoCalEd 清洁煤项目	美国	南加州爱迪生	C	煤炭	燃烧前处理	6.0×10^5 kW	可行性研究 2012
Schwarze Pumpe	德国	Vatternfall	C	褐煤	氧化燃料	3.0×10^4 kW	运营中
CASTOR 试点电厂	丹麦	法国石油、Statoil、Vatternfall、阿尔斯通电力	C	煤炭	燃烧后处理	1.6×10^5 kW	运营中
Hazelwood	澳大利亚	CO_2CRC、CSIRO、Process 集团、维多利亚政府	C	褐煤	燃烧前处理	2.0×10^5 kW	建设中 2008
Sleipner	挪威	Statoi 水电	S	—	存储：咸水层	—	运营中
In Salah	阿尔及利亚	BP	S	—	存储：枯竭油气田	—	运营中
Fenn Big Valley	加拿大	IEA 温室气体研发规划	S	—	存储：煤床层	—	运营中

注：C 表示注重捕捉；T 表示注重运输；S 表示注重存储

这些示范工程的共同特点是大型跨国公司的积极参与，他们不仅注资进行技术开发和示范工程，而且资助有关的国际会议和协会，如Shell、BP、BG、Statoil、Chevron、E. ON、GE、Alstom、Schlumberger等，一批专门从事清洁能源和CCS的公司或公司联合体应运而生，如GASSNOVA、FutureGen、GreenGen等。

国际上所说的CCS示范工程一般指那些最终将二氧化碳封存到地下的工程，不包括那些仅实现了二氧化碳捕获而没有实现封存的工程，也不包括过去单纯为提高油气采收率而实施的二氧化碳强化采油和二氧化碳强化天然气开采工程。

目前发达国家已进入了大力兴建CCS示范工程的阶段，已实施的大小工程不下百处（其中部分示范情况见表5.1），这里仅介绍几个典型项目的情况：

（1）Sleipner项目。位于挪威海外约150 km的Sleipner气田含二氧化碳约9%，而商业天然气的二氧化碳不得超过2.5%。由于挪威政府从1991年起征收碳排放税，Statoil公司决定将分离出的二氧化碳封存到油层上方埋深约1 000 m的砂岩层中，这就催生了世界上首个以降低大气二氧化碳浓度为目的的二氧化碳封存工程。自1996年投产以来，每年封存量约100万吨，累计已向海底深部注入超过1 300万吨的二氧化碳。欧盟投资对该项目进行了6次大规模的监测，均未发现泄漏迹象。

（2）Weyburn项目。美国达科他州的煤气化厂所分离出的二氧化碳通过管道输送到325 km外的加拿大，注入Weyburn油田中厚20～27 m的碳酸盐裂隙型油层中，以提高采收率。从2000年起预计注入20～25 y，目前二氧化碳强化采油的产油增量约为1 600 m^3/d，预计总共可封存约2 000万吨二氧化碳。

（3）In Salah项目。在阿尔及利亚的Krechba气田进行的二氧化碳强化天然气开采工程中，气藏含二氧化碳约为5%～10%。分离出来的二氧化碳由三口水平井注入厚约20 m的低渗储层中，天然气由四口井采出。

（4）Snøvit项目。位于挪威海外约140 km的天然气和凝析油田，水深为250～340 m。可将从天然气中分离出的二氧化碳注入油气层以下深约

2 700 m的咸水层中。

（5）Gorgen 项目。澳大利亚西北陆架的 Gorgen 气田含约 14% 的二氧化碳，分离出的二氧化碳将输送到 Barrow 岛，注入地下咸水层进行封存。若该工程按期完工，将是世界上规模最大的二氧化碳封存工程。

5.1.1 欧洲地质封存二氧化碳的潜力

欧洲在联合国气候大会——东京议定书上承诺的目标是，在 2008—2012 年期间年均减少 8% 的温室气体排放量（相对于 1990 年的水平），相当于每年允许排放 6 亿吨二氧化碳。为实现东京议定书的承诺目标，欧盟启动了“欧洲地质封存燃烧化石燃料所排放的二氧化碳的潜力评价（GESTCO）”项目。该项目得到了欧盟第五个研究与发展框架资助。德国、英国、比利时、希腊、荷兰、法国、丹麦与格陵兰以及挪威八个国家的地质调查机构以及荷兰能源与环保局参加了该项目的研究工作。该项目的总目标是，评价欧洲地质封存二氧化碳的潜力，为降低二氧化碳向大气的排放量而做出重大贡献，确保欧洲在环境和价格可接受的条件下得到稳定的能源供给。该项目的主要任务如下：

（1）对四种地质封存体封存二氧化碳的潜力进行评价，这四种地质储体包括：耗竭或近耗竭的石油和天然气岩储、陆上/海上咸水储集层、深部甲烷煤层、低比热的地热储，并以此作为典型背景进行研究，为将来编制欧洲地质封存能力图集奠定基础。

（2）对欧洲的主要二氧化碳热力排放源进行编录。

（3）研究热力二氧化碳排放源的分布与有地质封存能力的场所的耦合性。

（4）开展实际预案研究，计算出地质封存二氧化碳的成本。

（5）建立二氧化碳地质封存的决策支持系统，包括二氧化碳排放源、地质封存场所和预案研究以及成本计算等一整套内容。

（6）在选择的二氧化碳排放源的关键地区且有足够地质封存能力的地段开展试点研究工作。由于该项目旨在提出二氧化碳地下封存的合理性和科学理念，因此，其研究成果的主要使用群体包括：① 制定温室气体排放政策的决策者（包括联合国、欧盟和国家层次的领导者等）；② 面临二氧化碳排放水平控制的能源公司；③ 潜在的二氧化碳地质封存的提供方以及进行这项活动的管理者。

5.1.2 英国二氧化碳的封存潜力

英国地质调查局积极开展二氧化碳地质封存的科研工作，启动了一项新的“储存地学计划”。该计划由四部分组成：① 储层岩石特征表征；② 储层沉积学、岩石物理学和矿物学表征；③ 煤层气/地下煤气化；④ 储层的二氧化碳封存与注入。在计划第四部分研究中，英国地质调查局参与了三个与二氧化碳地质封存国际研究与监测相关的项目：

（1）SACA监测项目。在这个项目中，英国地质调查局承担了地球化学模拟和地表环境监测的任务。

（2）W项目。在这个监测项目中，英国地质调查局主要参与了检测二氧化碳地质封存的安全性和经济问题的研究工作。英国将利用这项研究所获得的信息和成果，调查研究北海海域下岩石封存二氧化碳的潜力和提高这些岩石中的石油采收率的潜力。

（3）GESTCO项目。英国地质调查局直接参与了该项目关于二氧化碳注入耗竭的油气田和深部咸水层的研究，以及二氧化碳地质封存的经济评价工作。

5.1.3 荷兰二氧化碳的封存潜力

荷兰在二氧化碳地质封存方面开展了两方面的工作。一是荷兰地质调查局（TNO－NITG）与荷兰能源环境局（ECOFYS）就二氧化碳地质封存的成本分析问题开展了合作研究。该项研究包括二氧化碳气体的提纯和压缩、向封存地点输送二氧化碳以及向地下封存设施注入二氧化碳的整个过程的成本。该项研究是欧洲地质联盟开展的“欧洲地质封存燃烧化石燃料产生的二氧化碳的潜力”（GESTCO）项目的组成部分。荷兰政府在GESTCO项目中的主要作用是开发二氧化碳地质封存的决策支持系统。二是荷兰地质调查局在挪威咸水含水层封存二氧化碳工程监测项目（SACA）中，承担了地震资料的解释和重建二氧化碳地下封存构造几何形态的任务。这项研究将帮助研究人员获取准确表征二氧化碳地下行为的特征。

5.1.4 加拿大二氧化碳的封存潜力

加拿大地质调查局实施了二氧化碳地质封存潜力评价计划，重点调查沉积盆地中主要二氧化碳排放点源附近地区的二氧化碳地质封存潜力。该计划还开展了加拿大煤层封存二氧化碳的潜力的调查评价项目。艾伯塔省生产的化石燃料占加拿大总产量的80%以上，电力生产主要以煤为燃料，产生大量的温室气体。同时，石油和天然气生产、加工、运输所产生的温室气体排放也占有很大的比例。艾伯塔省的二氧化碳排放量仅次于安大略省，在加拿大位居第二位。因此，艾伯塔省政府非常重视开展二氧化碳地质封存潜力的调查研究工作。艾伯塔地质封存二氧化碳的潜力很大，温室气体排放的点源附近大多具有适合封存二氧化碳的地质场所（包括咸水含水层和深部煤层）。经研究估算，艾伯特省可长期地质封存的二氧化碳的数量超过600亿吨，理论上可以满足未来艾伯塔省温室气体排放与封存的要求。

在艾伯塔省能源部和环境部、加拿大自然资源部、TransAlta公共事业有限公司以及Edmonton电力公司的资助下，艾伯塔省研究委员会开展了艾伯塔省二氧化碳地质封存潜力的调查研究。该项目对深部咸水含水层和适于利用二氧化碳提高回采率的耗竭油气储层进行了调查研究，并估算了它们封存二氧化碳的潜力。在1999—2000年期间，艾伯特省的Fenn－Big河谷地区还开展了利用二氧化碳提高煤层气回采率的试验研究，该项目得到了艾伯塔省政府、加拿大、美国、英国、澳大利亚和荷兰政府以及15个以上石油公司的赞助支持。

5.1.5 美国二氧化碳的封存潜力

化石燃料在美国能源供应中具有举足轻重的作用。美国一半以上的电力生产依赖于煤炭。尽管美国是两个没有签订《京都议定书》的发达国家之一，但美国政府还是重视二氧化碳减排和碳封存的研究工作的。美国能源部与化石能源办公室和科学技术委员会在 1999 年 4 月联合拟定了“碳封存科学计划”。该计划旨在开发提高陆地和海洋碳封存能力的新技术，在 2010 年以后抵消美国所有温室气体排放的增长量，并将碳封存的成本从目前的 100 ~ 300 美元/t 降到 2015 年的 5 ~ 10 美元/t。如果这个目标能够实现，将可节省数千亿美元。预计到 2030 年，二氧化碳封存方案将使美国每年减少 1.45 亿吨的碳排放，使世界每年减少 2.7 亿吨的碳排放。

该计划的近期目标是调查评价美国碳封存的潜力；中期目标是开展碳封存的试点研究监测工作，其中包括“增值”的碳封存，即通过注入二氧化碳提高石油和深部无法开采的煤层气的回采率；长期目标是使碳封存技术走向完全成熟。

目前，美国政府正在距离休斯敦东北 75 km 处对该技术进行试点评价研究。工程人员在距地 1.5 ~ 2 km 的地下将 700 t 二氧化碳气体注入砂岩中。砂岩广泛分布在全球的各个地区，并且非常靠近储藏有石油的地层。将二氧化碳气体集中封存在地下砂岩中具有广阔的前景。美国研究人员通过仪器观测计算一年的时间二氧化碳从岩石中逃逸到大气层中的数量，以此确定何种砂岩最适合用于存储二氧化碳气体，以及美国境内哪些区域比较适合于实施这项计划。尽管利用深部咸水含水层封存二氧化碳不会产生“价值增加”的副产品，但这种方法仍有优势：① 潜力大，据估计，美国深部咸水含水层封存二氧化碳的潜力在 5 亿吨左右；② 在美国现有的大多数二氧化碳排放源附近都有深部咸水含水层分布，有利于其实现“低成本零排放”的二氧化碳封存战略。

5.1.6 日本二氧化碳的封存潜力

日本每年大约要排出 13 亿吨二氧化碳，因此日本政府十分重视减少温室效应的有效途径。虽然挪威、阿尔及利亚、加拿大这些国家都在尝试地下封存二氧化碳的方法，但日本经济产业省称，日本的方案是最先进的。日本经济产业省的官员 Masahiro Nishio 说，到 2020 年日本每年掩埋的二氧化碳数量争取达到 2 亿吨，这将减少日本 1/6 的大气二氧化碳排放量，该方案目前仍处于研究阶段。在二氧化碳能够被存储在地下以前，潜在的安全问题也是需要论证的。大地震以及岩石裂缝最终可能导致数以吨计的二氧化碳排放到空气中。联合国气候变化小组认为，如果二氧化碳能够被正确存储，那么它能够稳定地存放 1 000 年。另一个需要考虑的重要的因素是高昂的费用，将二氧化碳埋入地下的费用高达 52 美元/t。Nishio 称，到 2010 年，这一费用会减半。日本参议院全体会议 2007 年 5 月 23 日通过了新修订的《海洋污染及海上灾害防治法》，允许把工厂等排放出的二氧化碳封存在海底适宜的封存库、废弃的油气田或岩层中。新修订的法案规定，封存二氧化碳必须在进行环境评估以及可持续监测的前提下获得环境大臣的许可，而且每 5 年要重新审核，更新许可。日本从 20 世纪 90 年代初就一直进行有关深海封存二氧化碳技术的试验研究，并取得了一定成果。二氧化碳海底封存技术也已成为日本政府的海洋开发技术发展战略的一部分。

5.1.7 中国二氧化碳的封存潜力

二氧化碳地下封存对于中国有效减少温室气体的排放具有重要意义。来自澳大利亚的初步研究结果显示，中国具有广阔的二氧化碳封存空间。因此，中国政府应大力倡导和推进这项技术和政策，以便在不远的将来，将我国排放的二氧化碳封存、利用起来，在国际外交和科技竞争中处于主动地位。

中国的一些企业和科研院所与国际有关机构合作正在开展二氧化碳捕获和地下封存的潜力的调查研究。一些西方国家政府已经着手与中国合作，开展建设二氧化碳捕集工厂的前期研究工作。2005 年 9 月召开的中欧峰会建立了“英国—欧盟—中国近零排放”项目，项目的总目标是到 2020 年在中国及欧盟建成示范发电厂并实现碳的近零排放。该项目计划分为三个阶段进行：第一阶段是 2006—2008 年探索可行性；第二阶段是 2008—2010 年示范项目确认与设计；第三阶段是 2010—2014 年建设和操作示范项目。英国支持第一阶段的发展，投入了 350 万英镑，并在欧盟第六个发展框架（FP6）下增设了中国的研究计划，这项新增研究计划由中国科学院山西煤转化国家重点实验室承担。基于已签订的谅解备忘录欧盟和中国科技部已经展开合作，双方正在洽谈与 CCS 有关的科学研究和能力建设项目。

中国经济的持续高速增长导致能源消耗较大，特别是煤炭消费大幅增加，二氧化碳减排形势严峻，中国政府在国际上承担遏制全球变暖的政治压力较大。中国的二氧化碳的地质封存具有广阔的前景，应大力提倡，并尽快开展碳排放源周围的二氧化碳封存地质场所的潜力评价，制定相应的二氧化碳地质封存的鼓励政策与创新机制，特别是鼓励“近零”排放的清洁绿色煤电厂的兴建。还应加强国际合作，引进吸收西方先进的 CCS 技术，走产学研一体化道路，开展试点研究，早日使 CCS 技术在我国步入实用阶段，对改善全球环境发挥作用。

5.2 碳捕获与封存系统潜力在哪里?

能源和经济模式指出，CCS 系统对于减缓气候变化的主要贡献将来自其在电力行业的发展。正如本书估计的那样，大多数模拟结果表明当二氧化碳价格达到大约 25 ~ 30 美元/t 时，CCS 系统才开始出现显著的部署规模。

低成本捕获的可能性（在天然气加工中以及制氢和氨生产中，二氧化碳的分离已经完成）与短途（<50 km）运输及能够产生收入的封存方案（例如二氧化碳强化采油）相结合将导致在无刺激或较少刺激的情况下能够进行一定限量的二氧化碳封存（每年大约 36 亿吨）。现有证据表明，在世界范围内，地质构造的技术潜力至少可达到大约 2 万亿吨二氧化碳（5 450 亿吨碳）的封存容量。咸水层构造的地质封存可能还有更大的潜力，但是由于缺乏信息以及一致的方法，对于上限的估计尚不确定。煤床的技术封存容量要小得多，但还缺乏充分的认识。海洋封存二氧化碳能力的模拟计算结果表明，其

容量大约在几十亿吨的量级上，具体取决于假设的大气稳定水平和环境制约，如海洋 pH 值的变化等。

经济潜力评估中的不确定性是显著的。CCS 系统要达到这样一种经济潜力，在 21 世纪将需要安装数百乃至数千个二氧化碳捕获系统，每个系统每年大约捕获 100 万～500 万吨二氧化碳。与其他减排方案相比，由于受环境、渗漏风险、法律框架以及公众反应信息缺乏等因素的影响，CCS 系统的实际情况可能要低于其经济潜力。

综上所述，发挥 CCS 系统潜力的关键在于降低 CCS 的成本，这要靠产业链各环节技术的成熟和规模经济的实现。目前，CCS 在朝这一方向发展的过程中主要受到煤电行业中的各个电厂技术水平的制约，捕获阶段规模经济的实现仍存在较大困难，尤其是在电厂改造环节上。为了降低电厂的可变成本，在今后 3～5 年中，中国和国际上对 CCS 的投资是至关重要的，这将从根本上突破 CCS 面临的经济和技术的制约，加速商业化发展进程。图 5.1 给出了可能的 CCS 产业链的示意图。

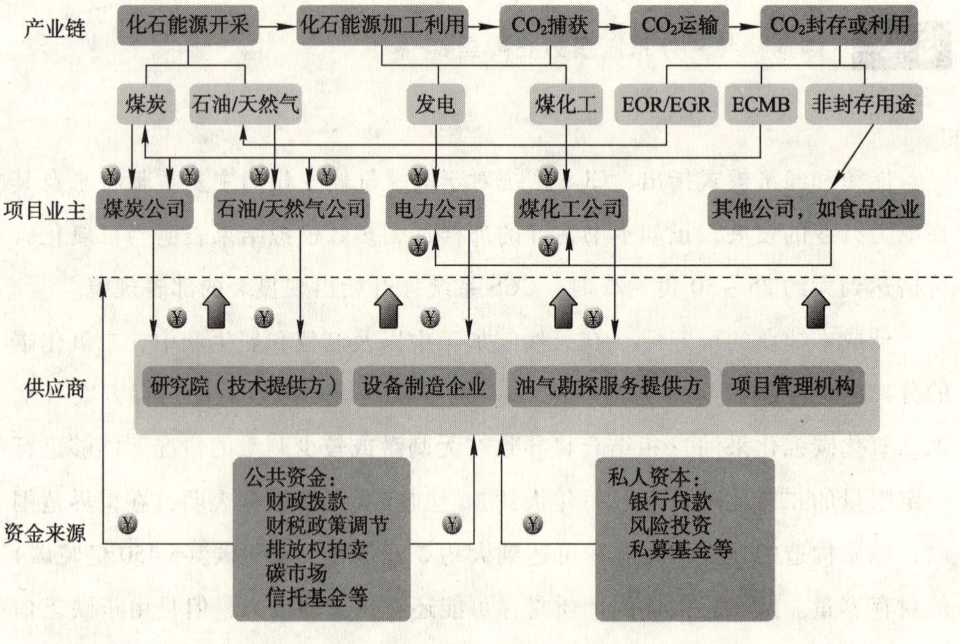

图 5.1　可能的 CCS 产业链示意图

在一项具有相当潜力的技术发展的早期阶段，来自政府的资助、补贴和贷款担保至关重要。当世界经济形势并不乐观时，政府也许会由于资金不足，把对CCS的投资放在任务列表中较为靠后的位置，这种做法是可以理解的，但由于CCS技术对解决气候变化问题的贡献可能是巨大的，各国政府和决策者应从长计议，在评估对CCS进行投资的价值时，应把长期的社会效益考虑进来，充分发挥CCS系统的潜力。

5.3 碳捕获与封存的局部健康、安全和环境风险是什么？

目前已有的二氧化碳管道绝大多数是在低人口密度地区，根据报告，每公里管道意外事故的数量非常低，与常规使用的碳氢化合物（如天然气、石油等）管道相近。如果突发的二氧化碳大量释放，使空气中二氧化碳的浓度超过7%～10%，则会对人类生命和健康产生直接威胁。对于通过居住区的二氧化碳管道，需要注意路线选择、过压保护、泄漏检测和其他设计方面的因素。要保证CCS的管道在铺设中不会遇到主要障碍，就要进行妥善的选址工作。选址时主要基于现有的地下信息、发现问题的监测计划以及法规体系。在发生二氧化碳释放时，利用适当的补救方法加以阻止或控制，则局部健康、安全和环境风险就与天然气封存、强化采油以及酸性气体地下处置这类现有活动的风险程度相当。

同时，研究天然的二氧化碳封存储层也有助于了解地下二氧化碳的变化规律。因此对已发现的天然的二氧化碳封存储层的冠岩结构、地质稳定性、渗漏路径以及有效俘获机理的研究，也有助于提高CCS系统的局部健康、安全，降低环境风险。

虽然在地质封存方面的经验有限，但是相近的地质、采矿、钻井等相关工业经验和科学知识可以作为风险管理的借鉴和基础。即便如此，可利用的风险管理方法的效力仍然需要在二氧化碳封存的使用中加以论证，例如，在封存地点发生渗漏时，阻止渗漏的补救措施所涉及的标准井修复技术或者在二氧化碳渗漏进入浅层地下水储层之前将其拦截并抽出的技术都需要进一步的验证。鉴于二氧化碳地质封存是长期的，所以对封存地点的监测可能在相当长的一段时期都是必需的。对于经过仔细选择、设计和管理的地质封存，其中绝大多数的二氧化碳将逐渐被固定，并且能够保存数百万年。

对于二氧化碳的海洋封存，以工业规模将二氧化碳注入海水或在海底形成液态二氧化碳池将会改变局部的化学环境。试验已经证明，二氧化碳的持续高浓度将会导致海洋生物的死亡，也就是说，二氧化碳对海洋生物的影响较大，将产生一些生态系统后果。目前在大面积海域和长时间尺度上，将二氧化碳直接注入海洋对于海洋生态系统的慢性影响还没有进行过深入研究。

这里，我们做一个简单的对比来说明海洋封存二氧化碳的局部健康、安全和风险问题：在一个未采用海洋封存的稳定体系中，由于工业化的发展，整个海洋表面的 pH 值减小量在 0.25 以内是可以接受的。如果 pH 值减小量在 0.2 ~0.4 之间，则表明海洋平均酸度的变化已经超出了工业化影响的范围。这样的 pH 值变化水平已经对生活在洋面的海洋生物产生了影响，但其长期影响尚需进一步的研究。

另外，海洋封存还存在二氧化碳释放的问题。海洋追踪数据和模拟计算结果表明，在海洋封存的情况下，根据注入的深度和地点不同，100 年以后留存比例在 65% ~100% 之间，500 年以后在 30% ~85% 之间（较低的百分比对应于 1 000 m 的深度，较高的百分比对应于 3 000 m 的深度）。也就是说，海洋封存的二氧化碳的释放将是逐渐进行的，会延续几百年。

对于如何解决非永久性封存问题，有研究认为，可以通过增加减排量来补偿未来的泄漏，但能否实现取决于未来减排成本的假设、已封存二氧化碳的量以及假定的大气浓度稳定水平等因素。尽管这一系列分析的详细结果随方法和假设的不同而异，但是所有研究结果都显示，如果将 CCS 作为一种减缓措施是可以接受的，但必须对可能发生的泄漏量规定一个上限。

第6章　碳捕获与封存相关法律政策

“地球不是我们从父辈那里继承来的，而是从自己的后代那儿借来的。”我们要为子孙后代留下一个赖以生存和发展的地球家园，必须建设低投入、高产出、低消耗、少排放、能循环、可持续的国民经济体系，转变现有发展模式和消费模式，推动人类社会走上生产发展、生活富裕、生态良好的发展道路。

——《世界自然资源保护大纲》

6.1 碳捕获与封存的相关政策法规

碳捕获与封存（carbon capture and storage，下称 CCS）或碳捕获、利用与封存（carbon capture，utilization and storage，下称 CCUS）是近些年来才逐渐得到关注的一项新技术，但其实施涉及工业、环境保护、市场运行、知识产权管理以及财税等多个领域，十分复杂，更重要的一点是，全世界目前普遍认为 CCS，尤其是二氧化碳的地质封存项目存在一定的风险性，因此人们从一开始就意识到除技术和成本的障碍外，制定全面、合理的政策法规，为 CCS 的规范发展提供保障，是大规模实施 CCS 前必须加以解决的问题。因此，本章对迄今为止国内外已制定的主要的 CCS 政策法规和国际公约进行了整理和归纳。

CCUS 是我国根据国情、碳减排战略和目标等在 CCS 概念的基础上提出的，而其他国家和地区仍然主要采用 CCS 的概念，因此本章在总结和归纳国内外相关政策法规时，就不再刻意地区分 CCUS 和 CCS。

目前，与 CCUS 技术相关的国际法律框架基本上可以归为两大类：一类是对 CCUS 的技术界定，如《联合国气候变化框架公约》及《京都议定书》等；另一类是针对二氧化碳海洋封存的规定，如《联合国海洋法公约》和《防止倾倒废物和其他物质污染海洋的公约》等。而在国家或地区层次，迄今美国、欧盟和澳大利亚等已经在制定专门的 CCUS 政策法规方面做出了尝试，而我国由于在 CCUS 方面的工作起步较晚，而且法律法规体系仍不十分完善，因此迄今为止针对 CCUS 发展的法律框架和政策体系都尚未成型，特别是在保障地质封存项目长期的安全性和可靠性方面还是空白。然而，无论是国际还是国内，已有的政策和法规同 CCUS 发展的实际需要都还有一定的差距。

6.2 国际法律框架中对碳捕获与封存的规定

《联合国气候变化框架公约》中提到，附件一中的国家有义务“增加温室气体的汇合库的数量和容量”。同时，《京都议定书》中提到“研究、促进、开发和增加使用可再生能源、二氧化碳收集技术和有益于环境的先进技术”。2001 年在《联合国气候变化框架公约》第七次缔约国大会上签订的《马拉喀什协定》中也明确提出“鼓励缔约方合作开发、推广和转让排放温室气体较少的先进化石燃料技术和与化石燃料相关的捕获和存储技术”。此外，《马拉喀什协定》还在决定草案中提到，应优先重视与这类技术相关的研发、推广和转让合作，并促进发展中国家参与其中。然而，尽管《联合国气候变化框架公约》和《京都议定书》都把 CCS 技术视为一种可能的减碳技术选择，但都没有明确对 CCS 是否应包含在减排机制之中做出明确的规定。

6.3 国际法律框架对二氧化碳海洋封存的规定

随着全球气候变化问题受到越来越多的关注，很多国家和地区的法规都开始将二氧化碳界定为有害物质或污染物。由于涉及全球公共环境的安全问题，二氧化碳的海洋封存及海洋地质封存成为全世界关注的焦点之一。为此，全世界范围内已经制定了一些相关的国际公约，主要包括《联合国海洋法公约》和《伦敦公约》。此外，还有一些地区性的公约，如《东北大西洋海洋环境保护公约》和关于北海沿岸国家在防治有害物质污染方面开展合作的《波恩公约》等。随着二氧化碳封存技术的不断发展，各公约也都根据其各自的系统界定，对二氧化碳封存的相关问题做出了相应的修订和补充。

目前《联合国海洋法公约》的相关规定主要涉及海底及其浅层底土资源，并未针对在海洋底土下方实施的 CCS 做出专门的规定。但是从该公约第 192 条和第 194 条有关海洋环境保护和海洋污染预防的规定来看，如果人们将近海 CCS 项目所涉及的二氧化碳视为污染物，那么近海 CCS 项目就有可能违反该公约的规定，即一旦近海 CCS 项目造成海洋环境的污染，就属于违法行为。但是，对于近海 CCS 项目是否必然导致海洋环境污染的问题，目前全世界尚无定论。

此外，由于《联合国海洋法公约》属于框架性公约，其只对一些大的原则性问题给出了规定，而对于一些比较细节性的问题，比如对近海 CCS 项目的法律定位以及具体实施规定等，则交由《伦敦公约》及其议定书来实施。《伦敦公约》是世界上第一个旨在保护海洋免遭环境污染的国际协议，它的主要目的在于预防、减少和在可行的情况下根除海洋倾倒或焚化污染。《伦敦公约》修正案允许将从工业源捕获得到的二氧化碳封存在海底地质结构中。但该修正案并没有对是否可将二氧化碳注入海洋中做出明确的规定。1996 年，《伦敦议定书》对《伦敦公约》进行了修订，以期对海洋环境提供更好的保护。《伦敦议定书》的目标则是预防、减少和在可行的情况下根除海洋污染，议定书第（5）、（10）条对“污染”一词第一次做了明确的界定：“污染”系指人类活动将废物或其他物质直接或间接地引入海洋中，从而造成或可能造成有害影响（例如破坏生物资源和海洋生态系统，危害人体健康，妨碍包括捕鱼和对海洋的其他合法利用在内的海上活动，影响海水质量和降低环境舒适性等）。2006 年 10 月《伦敦公约》第一次缔约方大会通过了关于二氧化碳海洋封存的议案，确立了二氧化碳在大陆架区域的海洋封存的合法的有关条件。

但是，鉴于《伦敦公约》和《伦敦议定书》规定了较为严格的预防原则，因此除非 CCS 在长时期内的安全性和有效性获得了足够的科学证据，否则二氧化碳的近海封存很难符合其相关规定，从而无法合法实施。基于此，IEA 认为，为了使得近海 CCS 取得合法地位，《伦敦公约》和《伦敦议定书》的缔约方应该对公约和议定书的内容进行扩展或修改，使近海 CCS 具有合法性，否则近海 CCS 的前景并不光明。

6.4 国外已有的碳捕获与封存相关法律法规

美国、欧盟和澳大利亚等是 CCS 的主要倡导者，也是针对 CCS 项目实施制定政策法规的先行者。目前已出台的 CCS 相关政策法规主要包括欧盟的《碳捕获与封存指令》、美国的《碳捕获、运输和封存指南》、澳大利亚的《碳捕获与封存指南 2009》以及《海上石油（温室气体封存）法案》和 IEA 提出的《CCS 技术路线图》。

澳大利亚的《碳捕获与封存指南 2009》针对 CCS 的环境影响评价提出了相对具体可行的评价范围、措施等。欧盟的《碳捕获与封存指令》（以下简称《指令》）则为应对气候变化、确保二氧化碳的地质封存不对环境造成危害提供了法律框架。《指令》对以下几个方面做出了详细规定：① 封存地点选址与勘探许可证制度；② 封存许可证制度；③ 封存地运营、关闭以及关闭后的责任；④ 第三方使用权；⑤ 其他一般规定以及对之前的一些指令的修正案。美国的《碳捕获、运输和封存指南》则更偏重于技术，对环境影响评价的建议较少。IEA 则指出了建立综合二氧化碳运输和封存的框架。有关 CCS 政策法规的详细对比如表 6.1 所示。

表 6.1 美国、欧盟、澳大利亚、IEA 等制定的 CCS 相关政策法规的对比

	澳大利亚的《碳捕获与封存指南 2009》	欧盟的《碳捕获与封存指令》	美国的《碳捕获、运输和封存指南》	IEA 的《CCS 技术路线图》
与其他法律的关系	所有的 CCS 项目必须符合已存在的法律法规	和欧盟的相关法律保持一致	必须满足清洁空气法和清洁水法的要求	修订相关的现行法律
环境风险评价	所有的 CCS 项目在相关法律制度框架下必须进行环境评价和核准。环境风险评价将贯穿于项目的整个生命周期	强调封存过程的环境风险评价，包括危险识别、暴露评价、影响评价、风险识别	对于所有的封存项目，必须进行风险评价	建立综合的 CO_2 运输和封存框架，框架包括环境影响评价、风险管理和补救措施等
封存场地选择	封存场地必须接受连续的风险评价，必须提供封存地址详细的地质特征（封存容量、孔隙率、地层学等）和储层模型以支持满足核准条件的评价和认定	修订相关指南，完善封存场地选择管理	形成一套准则使泄漏风险最小化。早期项目应该优先选择风险低的场地。应该远离饮用水或其他利用水源的地区	到 2012 年形成关于封存地点选择的最佳实践指南
准证核准和颁布	核准必须包括风险评价和监测，核准过程必须对公众是公开、透明的	修订相关指南，明确准证申请和颁发程序	必须提交包括期望成本、注入率、储存能力等参数的准证申请	尚未明确
监测	对注入的 CO_2 进行监测并提供证明。监测范围至少包括封存地址的安全性、环境保护、公众健康和资源管理等	建立监测与报告指导方针（MRGs）予以解决	实施“可测量、可监测、可核实（MMV）”的监测方法	提出有必要建立一套国际通用的监测方法
安全	CCS 项目符合《职业健康与安全准则》	强调封存地点的永久封存评价，强调对运行、监测以及场地关闭和关闭后的管理	强调制定管道和封存 CO_2 的安全标准	制定了到 2012 年年底的封存安全管理条例和准则

续表

	澳大利亚的《碳捕获与封存指南 2009》	欧盟的《碳捕获与封存指令》	美国的《碳捕获、运输和封存指南》	IEA 的《CCS 技术路线图》
注入和关闭前	与《伦敦议定书》的规定一致，注入海洋的必须是 CO_2。仅有的杂质物质必须是自然存在的，或是捕集/分离出来的类似蒸气的物质，或者添加剂，如用于检测的指示剂	CO_2 注入地下面临着一些法律层面的障碍	项目运营商应该制定透明的运行和执行计划；进行注水实验；注入井及其设备应该符合联邦和各州的建筑和设计管理条例	尚未明确
场地关闭和后关闭条件	必须满足场地关闭标准	当达到允许的场地关闭工作状态，或者运营商请求权力部门授权是否可以进行场地关闭；还规定了场地关闭后运营商的责任，包括监测、报告、补救措施等	关闭期间执行连续的监测；运营商应该建立一套包括位置、关闭条件、完整性压力测试等的数据；经批准的关闭场地应该移交有资质的经营实体管理	尚未明确
事故处理	尚未明确	按照《环境责任指令》处理突发环境事故	风险评价应该提供不可预料事故的减缓或补救计划，这些计划应该提交项目管理方以支持建议的 MMV 计划	尚未明确

6.5 现有碳捕获与封存的相关国际法律框架及政策的不足

通过调研，作者认为，尽管针对 CCS 实施（特别是二氧化碳封存的实施）所制定的相关政策和法规的必要性和紧迫性得到了广泛的认同，但总体上该工作仍处于初期阶段，其发展和完善仍需要长期的过程。

在关于应对气候变化的国际公约中，尽管多次提到鼓励 CCS 技术的研发、推广和转让，但是《京都议定书》中现有的各种减排机制都未将 CCS 技术纳入其中。在 2009 年 12 月召开的哥本哈根气候大会上，虽然一些利益相关方强烈要求将 CCS 纳入到清洁发展机制（CDM）中，然而大会最终并未就此做出决定，仅确定这一问题“最早将于 2012 年开始考虑”。因此，对 CCS 技术的明确定位，是未来气候变化谈判与相关协议制定时需要解决的关键问题之一。

美国、欧盟等也已经意识到现有政策法规的不足，并开始着手进行完善，以减少法律风险，增加监管的透明度。但 CCS 作为一种新技术，其示范工程的运行时间还较短，与封存相关的很多知识和经验仍需较长时间的积累。同时，未来的排放配额成本以及排放交易本身也存在着较高的不确定性。因此，在技术、资金、市场等多方面因素的共同影响下，建设和完善 CCS 相关的政策法规框架可能需要一个相对漫长的过程。

6.6 中国制定碳捕获与封存相关政策法规的启示

其他国家和地区已经制定的 CCS 相关政策和法规为中国建立完善的 CCS 政策和法规体系提供了良好的借鉴。结合中国已有的应用于环境影响评价、大气污染、地质勘测、矿藏开发等方面的政策法规的经验，项目核准程序、工程监督检查、环境影响评估、项目监测、事故应急响应和场地关闭及管理等将是中国未来制定 CCS 相关政策和法规框架的重点。

6.6.1 对碳捕获与封存项目进行准证申请、核准和颁发

由于 CCS 项目存在潜在的环境和安全风险，未来 CCS 项目的实施必须建立在一套完善的准证申请规定的基础上。CCS 项目的准证申请、核准和颁发，必须建立在 CCS 项目的管辖权、所有权和责任归属明确的前提下。

6.6.2 对碳捕获与封存项目进行监测和环境影响评估

为防范二氧化碳渗漏导致的全球变暖问题以及对当地局部环境的影响，

对 CCS 项目进行长期的监测和影响评估将是项目风险管理中两个非常重要的部分。

6.6.3 对碳捕获与封存项目进行监督和检查

由于 CCS 项目的风险可能长期存在，因此 CCS 项目的工程质量对于保证 CCS 的减碳效果意义重大，因此，明确不同环节的工程监督责任和监督范围，落实责任方，制定统一的监督和检查标准，以及验收和质量控制措施等对保证 CCS 项目达到预期效果非常重要。

6.6.4 对碳捕获与封存项目场地关闭和关闭后管理做出明确规定

CCS 项目的封存场地关闭包括关闭和关闭后两部分。场地关闭是指封存工程施工完成后将大部分施工人员及相关设备撤出现场，而由运营商继续监测场地状况；关闭后管理是指在场地关闭且由运营商对场地进行了一段时间的监测后，将该项目相关的监测责任转交给权力部门。中国可借鉴欧盟、美国、澳大利亚等关于 CCS 场地关闭的相关规定，也可以将类似工程，如矿山排土场等工程中的相关规定借鉴到场地关闭规定中来。

6.6.5 对碳捕获与封存事故应急措施做出明确规定

CCS 工程项目发生不可抗力或意外的泄漏事故时，其应急措施类似于天然气泄漏时的应急措施。但是由于天然气和二氧化碳的物理属性不同，其相应的事故应急措施又不完全一样，因此需要做出单独的规定。

6.6.6 制定有效的二氧化碳泄漏处理方案

制定有效的泄漏处理方案是为了在监测到封存项目发生泄漏时，可以及时采取相应措施来减少损失。除借鉴发达国家应对二氧化碳泄漏的处理措施外，天然气封存中关于泄漏处理的规定也可以为我国制定相应的政策和法规提供有价值的参考。

6.6.7 风险公布与公众支持

公众的支持态度也是影响 CCS 项目能否大规模实施的重要因素。根据目前已有的国际惯例，CCS 项目需要向公众提供透明开放的信息，并接受公众质询。但是由于公众对 CCS 技术的认识较少，加上 CCS 可能存在的风险性，因此目前公众对 CCS 的接受程度较低。实际上，来自公众的阻力已成为一些国家发展 CCS 的主要障碍。虽然目前公众参与还未成为我国实施 CCS 项目的主要障碍，但是随着公众对 CCS 了解程度的不断加深，为尽量减少公众的抵制情绪，在制定政策时应对此给予充分考虑，应该在向公众及时公布 CCS 风险、加强宣传和教育等方面做出相关的规定。

6.6.8 碳捕获与封存和中国的“绿色煤电”

在应对全球气候变暖的问题上，中国所选择的道路和世界的选择一致。不仅如此，在国际上，中国政府积极参与和影响国际减排计划的制定和实施；在国内，推行低碳经济。“十一五”规划纲要提出，单位国内生产总值能耗降低 20% 左右，主要污染物排放总量减少 10%。同时规定，节能减排要写进行政官员的考核评价体系。我们知道，欧洲、北美和澳大利亚市场有可能率先实现规模发展，引领技术方向。由于 CCS 技术的诸多不确定性，中国对此持比较谨慎的态度，目前还没有大规模开展 CCS 示范活动。但中国在应对气候变化和减缓温室气体排放方面所付出的努力，并不在发达国家之后。在 CCS 方面，中国对 CCS 技术的了解和关注程度非常高。同时，作为以煤为主要能源的国家，面对火电装机容量的比例达到 3/4 的事实，中国不仅密切关注 CCS 等前沿脱碳技术的发展，同时，更加务实地采取了一条以 IGCC（整体煤气化联合循环发电）为主导的“绿色煤电”路线。

最近几年，由多国的发电、煤炭等企业共同启动了“绿色煤电”计划，其中包括美国的“未来电力”计划、日本的煤气化燃料电池示范电站计划以及中国的“绿色煤电”计划。它们都是以大幅提高煤电效率、实现煤电的二氧化碳零排放为目标，主要技术途径是采用煤气化的发电、制氢及二氧化碳分离和处理的煤基能源系统。2004 年，中国华能提出并加入了“绿色煤电”计划，2005 年年底，华能集团联合另外几家中央骨干企业，共同投资组建成立了绿色煤电有限公司，制定了中国“绿色煤电”项目“三步走”的发展战略，如图 6.1 所示。

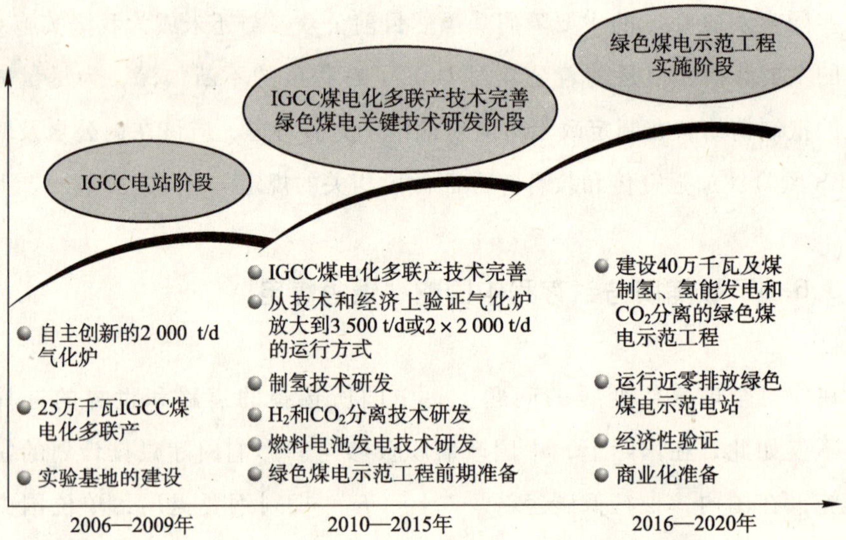

图 6.1　中国“绿色煤电”项目“三步走”的发展战略

发展“绿色煤电”计划的基础和前提是 IGCC 发电。IGCC 系统是整体煤气化联合循环发电系统，是将煤气化技术和高效的联合循环相结合的先进动力系统，IGCC 技术的两个主要特点是：① 使二氧化碳以比较纯的形式排放，降低了捕获难度；② 与单纯的超临界技术相比，使用 IGCC 后，将使发电效率有所下降，但 IGCC 潜在效率可达 58%，因此还是一个比较好的技术选择。按照“绿色煤电”计划，中国在 2010 年前，要建成 25 万千瓦级 IGCC 示范电站；在 2020 年前，将建成 40 万千瓦级的“绿色煤电”工程。目前，国内首个 IGCC 示范工程项目——华能天津 IGCC 电站已经获得正式核准。

由中国的“绿色煤电”计划与美国的“未来电力”计划的对比可知，中国在减排工作上所显示出的决心和付出的努力是令人鼓舞的，但从全局着眼，中国作为新兴市场的国家，与发达国家相比在这方面还存在着较大的差距。下面就把中国的“绿色煤电”计划与美国的“未来电力”计划做一个简单的对比，主要区别有：

（1）二氧化碳利用方向不同。美国主要是将二氧化碳储存于地下，以缓解减排压力；而中国是发展中国家，二氧化碳的减排压力要小于美国，即使将来捕获到二氧化碳，也是以先利用为主（作为产品出售），而不是直接埋存于地下。

（2）技术基础不同。美国的“未来电力”计划是 20 世纪 80 年代以来开展的一系列清洁煤技术示范项目中的一环，侧重于进行 IGCC 发电技术和 CCS 技术的商业化集成示范，联产的氢气作为“氢能经济”的交通燃料；而中国“绿色煤电”的侧重点是，先形成一批 IGCC 关键技术，最终开发成功绿色煤电示范机组以及二氧化碳处理技术。

6.7 国际性碳捕获与封存组织

专门为 CCS 而成立的国际性组织中以 CSLF 和 GCCSI 最有影响。CLSF（CO_2 Sequestration Leadership Forum），即“碳捕获领袖论坛”由美国主导；而较晚成立的 GCCSI（Global CCS Institute），即“全球 CCS 研究院”由澳大利亚主导。我国是这两个组织的成员国，如图 6.2 所示。此外，国际能源署之下成立的“温室气体控制计划”（Green-House Gas Control Program）组织，也是 CCS 方面的权威机构；由该机构召开的“温室气体控制技术大会”是 CCS 领域的盛会，两年一届，至 2010 年已召开了十届；由该机构出版的刊物“International Journal of Greenhouse Gas Control”于 2007 年创刊，迄今其 SCI 影响因子已高达 3.64。

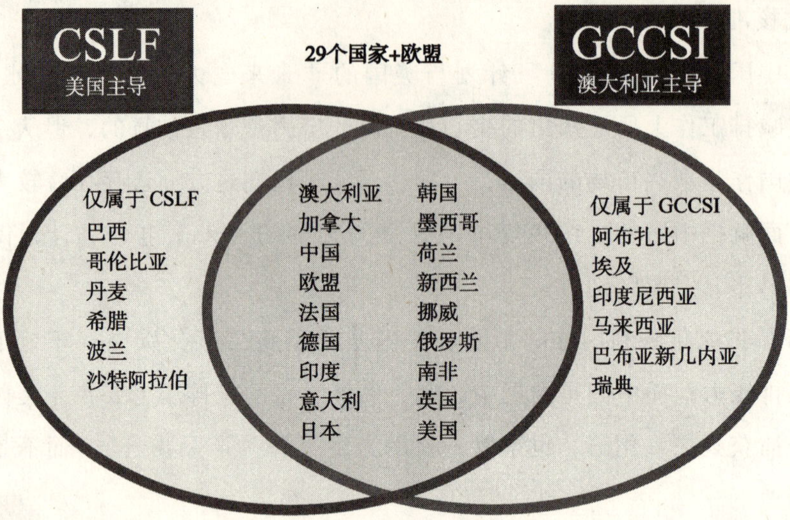

图 6.2　CSLF 和 GCCSI 成员结构图

第 7 章　二氧化碳综合利用

在全球，目前有超过 8 100 个大的二氧化碳源点（约占所有人为二氧化碳排放量的 60% 以上）。可采用 CCS 技术，将二氧化碳送往地下深层并将其永久封存，以实现减排的目的。

——全球能源技术战略计划

7.1 二氧化碳应用简介

二氧化碳的应用可分为物理应用、生物应用和化学应用。二氧化碳的物理应用是指在使用过程中，不改变二氧化碳的化学性质，仅将其作为一种介质实现利用，这是目前主要的应用形式。例如，二氧化碳可以作为制冷剂、饮料添加剂、灭火剂、清洗剂使用，在气体保护焊、超临界提取、提高石油采收率等方面也发挥着重要作用。

二氧化碳的生物利用也成为当前研究的热点。二氧化碳可以作为气肥提高光合作用的效率。作为果蔬保鲜剂使用时，注入高浓度的二氧化碳可以降低氧气的浓度，抑制微生物的代谢，且不含化学防腐剂，用后无残留。近来，人们致力于研发生物固定二氧化碳技术，例如美国利用海洋生物技术在深海中大量繁殖藻类，并将藻类转化为天然气或其他产品。二氧化碳还可以用于生物合成，用来生产单细胞蛋白、乙酸、多糖等。

二氧化碳的化学应用主要是通过改变其化学性质，以二氧化碳形式或者其还原形式参加化学反应而形成新的化合物。传统的化学应用主要是合成尿素、生产纯碱、碳酸氢氨、水杨酸等，主要产品是碳酸盐类物质。当然二氧化碳还可以替代硫酸和氢氧化钠作为水处理装置——离子交换柱的再生剂，燃煤电厂灰水 pH 的调节剂，替代二氧化钛作为原料纸浆的添加剂等。二氧化碳的化学利用途径主要有：与氢气反应生成氯化学品；与甲烷反应生成合成气；与水反应生成烃、醇类燃料。前两种方法要消耗有益的氢气和甲烷，但技术上比较成熟；后一种方法虽然原料价廉易得，但在技术上处于探索阶段，是当今研究的热点。目前利用二氧化碳可以合成甲醇、乙醇、二甲醚、汽油和低分子量烃、甲烷、碳酸、碳酸酯邻羟基苯甲酸、烷基胺以及高分子化合物等。

7.2 二氧化碳的物理应用

二氧化碳的物理应用有多种方式，其中提高矿物质采收率被认为是最有价值的利用方式之一。

7.2.1 二氧化碳强化石油开采

我们知道，在原油生产的第一阶段（一次采油），一般是利用油藏自身的压力进行开采，该阶段的采收率一般只能达到15%左右；当油藏压力衰竭时，可以向油层注水补充油藏的压力以继续采油，即到了原油开采的第二阶段（二次采油），该阶段能够实现的采收率通常为30%～40%；当油田的油水比接近作业的经济极限时，即采油的收益与成本几乎相同时，则开始进入三次采油阶段，这个阶段被称为“强化采油”（enhanced oil recovery）。强化采油技术是维持老油田石油产量、提高油藏的原油采收率和资源利用率的有效方法，因此得到了世界各国的广泛重视。目前，热采油、聚合物驱油和二氧化碳驱油为世界上三次采油的主要方法，其中，由于强化采油的效果比另外两种方式更好，二氧化碳驱油的强化采油技术受到了越来越多的重视。

7.2.1.1 二氧化碳强化采油的基本原理和工作流程

二氧化碳强化采油的主要机理如下：

（1）溶解气驱作用：随着油井生产进程的推进，生产井附近的油藏压力下降；而注入二氧化碳之后，油藏的压力得到一定程度的恢复，从而使原油生产得以维持。

（2）降低原油黏度：二氧化碳溶解于原油之中，可以降低原油的黏度，增加原油流动性，进而提高原油产量。原油黏度的下降幅度取决于压力、温度，以及原油原始黏度的大小。一般而言，原油原始黏度越高，二氧化碳驱油时黏度降得越大，即二氧化碳驱油对中质油和重质油的降黏作用更明显，二氧化碳饱和时黏度减小量在90%以上。当原油饱和二氧化碳后，再继续增加压力，则由于压缩作用，原油黏度反而可能增加。

（3）使原油体积膨胀：二氧化碳溶解于原油之后，可使原油体积膨胀，从而提高驱油效率。根据压力、温度以及原油组分的不同，原油体积的增加可达10%～100%。随原油中二氧化碳浓度的增加，膨胀系数也增加。在一定的二氧化碳浓度下，轻质油的膨胀系数大于重质油的膨胀系数。

（4）混相效应：二氧化碳与原油混相后，不仅能萃取和气化原油中的轻质烃，而且还能形成二氧化碳和轻质烃混合的油带。油带移动是最有效的驱油过程，它可以使采收率达到90%以上。混相的最小压力称为最小混相压力，取决于二氧化碳的纯度、原油组分以及油藏温度。

（5）改善原油与水的流度比：大量的二氧化碳溶于原油和水，将使原油和水碳酸化。原油碳酸化之后，黏度降低，流动性升高；水碳酸化之后，黏度升高，而流度降低。这样，在二氧化碳的作用下，油和水的流度趋于一致，因而能够改善油与水的混合流动性，从而提高原油采收率。

（6）降低界面张力：实验结果表明，残余油饱和度随着油水界面张力的降低而减小。多数油藏的油水界面张力为10～20 mN/m，当界面张力降到0.04 mN/m以后，采收率便会明显地提高。二氧化碳萃取和气化原油中的轻烃后，可大幅度降低油水界面的张力，减小残余油饱和度，从而提高原油采收率。

（7）提高渗透率：碳酸化的原油和水，不仅可以改善原油和水的流度比，还有利于抑制黏土膨胀。二氧化碳溶于水后呈弱酸性，能与油藏的碳酸盐反应，使注入井周围的油层渗透率提高。因此二氧化碳驱油更有利于碳酸盐油藏。

如图7.1所示，典型的EOR项目包括二氧化碳注入井和采油井，其工作流程通常为：首先，向注入井中持续注入二氧化碳一段时间，注入油藏的二氧化碳将与能够驱扫到的原油发生混相作用，降低原油黏度以及在岩石表面的附着力，提高原油的流动性。而后，停止二氧化碳的注入，再从注入井向油藏注入水一段时间，以进一步提高油层内部的压力，并依靠水的压力推动前面形成的混相原油/二氧化碳混合物朝着采油井的方向移动。随后停止注水，再重新向二氧化碳储层中注入二氧化碳，开始新一轮的注二氧化碳→注水→注二氧化碳的循环操作，实现油田强化采油的持续运行。根据美国和加拿大长期进行的EOR活动的一些数据，经过二氧化碳三次采油的油层的最终原油采收率一般能够达到25%～70%，因此强化采油技术能大幅提高原油产量开始下降的老油田的经济效益，同时提高石油资源的有效利用率。

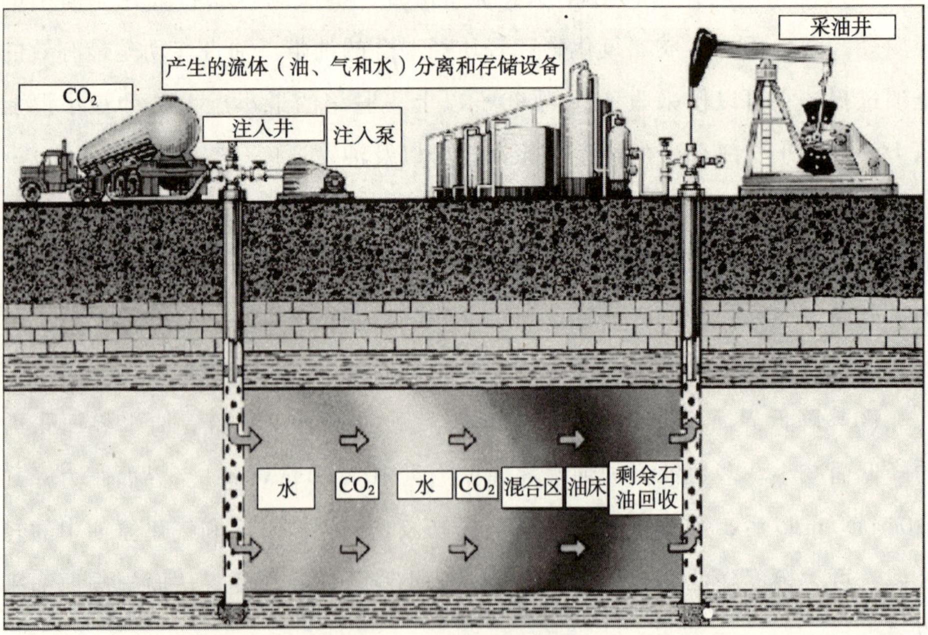

图7.1　典型的二氧化碳强化采油项目的工作原理和流程示意图

在二氧化碳强化采油活动中，一部分二氧化碳会随原油从采油井重新流回地表（这部分二氧化碳可以在气液分离后重新进行注入）；另外一部分二氧化碳则会留在油藏之中而不会重新回到地面，通过油藏的封存作用可实现这部分二氧化碳的地质封存。这里还需要提醒一点，要实现停留在油藏中的二氧化碳的长期封存，在强化采油活动结束之后，需要将连通油层和地表的注入井和采油井全部封死。

7.2.1.2　二氧化碳强化采油的驱油方式

介绍完二氧化碳强化采油驱油机理，也就不难理解下面几种驱油方式了：

1）混相驱油

混相驱油的基本机理是驱替剂（注入的气体）与被驱动流体（地层原油）在油藏条件下形成混相，消除界面，使多孔介质中的毛管力降至零，从而减少毛细管效应产生的毛细滞留所圈捕的石油，原则上可以使微观驱油效率达到100%。

二氧化碳混相驱油的主要机理是，用二氧化碳抽提原油中的轻质成分或使其气化，从而实现混相以及降低界面张力。根据经验，密度小于0.904 2 g/cm^{3}的原油宜采用二氧化碳混相驱油。二氧化碳混相驱油对水驱油效果差的地渗透油藏、水驱油完全枯竭的砂岩油藏、接近开采经济极限的深层轻质油藏，以及多盐丘油藏具有更重要的意义。

2）非混相驱油

二氧化碳非混相驱油的主要机理是，降低原油黏度，使原油体积膨胀，减小界面张力，抽提和汽化原油中的小分子烃。当地层及流体的性质决定油藏不能采用混相驱油时，利用二氧化碳非混相驱油替代机理，也能达到提高原油采收率的目的。二氧化碳非混相驱油替代主要应用场合包括开采低渗透油藏，开采高倾角、高垂向渗透率的油藏，以及开采重油和高黏度原油。

3）单井非混相二氧化碳吞吐开采技术

相对而言，二氧化碳吞吐开采技术具有投资低、见效快的特点。通常，该方法是向生产井注入大量二氧化碳，然后关井一个周期，使二氧化碳浸泡原油，并溶解在原油中，以降低原油黏度，增加原油动能。最后重新开井生产，则原油产量上升直到稳产，最长的稳产期达48个月。

这种方法近似于常规稠油开采的蒸气吞吐工艺。由于周期性注入二氧化碳，二氧化碳吞吐开采技术不仅适用于开采常规稠油，而且适用于开采轻质油。当残余油饱和度很低、油井处于或接近经济极限时，再采用大面积的提高采收率的方法已经不适宜了，此时采用二氧化碳吞吐开采技术尤其具有吸引力。

7.2.1.3 适合开展二氧化碳强化采油的油藏

一般来说，通过实施二氧化碳强化采油，大多数油藏的原油采收率都能够提高7%～15%，油井生产寿命能够延长15～20年。美国是世界上强化采油技术发展最成熟的国家，目前采用强化采油技术所产原油已占美国原油产量的31%。

需要说明的一点是，并不是所有的油田在实施二氧化碳强化采油后其产量一定会增加。这是因为：

（1）注入二氧化碳虽然能大幅降低原油的黏度，改善原油的流动性，但在实施时，因二氧化碳黏度低（处于超临界状态时，黏度小于0.1 mPa·s），容易造成气体向油层深部窜流。这虽然能够形成更深的过渡带，有利于原油的采出，但是大量的二氧化碳比较容易形成连续相（气窜，即注入井和采油井之间形成连续的二氧化碳通道），因此从注气工艺方面考虑，必须在保证二氧化碳注入速度的前提下，有效地控制二氧化碳的波及面积。

（2）孔喉的大小分布、重力影响、润湿性、水锁现象等因素会影响该技术的效果，因此在制定二氧化碳注入方案时，要特别注意界面张力、流度比和孔喉大小分布三种因素的协调。只有这样才能获得高的注气效率和原油采收率。

（3）目前，比较成功的二氧化碳强化采油案例一般都符合以下条件：在距地面800 m或更深的地方，原油为轻质油（至少23 °API，相当于密度为0.91 g/cm^3），油层压力远大于最小混相压力（MMP），砂岩油层净厚度小于20 m，储集层均质性强。因此，该技术不适宜在以重质油或油砂为主的油藏中使用。

（4）要实施二氧化碳强化采油，油田要处于三次采油阶段，且其残余油饱和度应大于25%～30%。但目前很多油田未达到此阶段。

（5）有气顶（油藏上方、盖层下方存在汇集的大量气体）的油藏不适宜进行二氧化碳强化采油作业。

（6）裂缝发育的油藏不适合实施二氧化碳强化采油技术。

（7）垂直渗透率/水平渗透率比值、孔隙度越大，越不利于二氧化碳强化采油的实施。

（8）二氧化碳强化采油混相驱油可以形成稳定的混相带前缘，该前缘作为单相流体移动并把原油驱替到采油井，微观驱替效率接近100%。该方法通常用于原油相对密度小于0.89 g/cm^3、油层温度小于120 ℃、地层压力大于9.6 MPa的油层。因此，二氧化碳混相驱油仅适用于油藏压力大于或等于混相压力的油藏，一般情况下，适用于中、深层油藏。而非混相驱适用于相对密度高（0.91～0.95 g/cm^3）的原油。

（9）二氧化碳气源与油藏之间的距离对二氧化碳强化采油项目的效益有直接的影响。两者之间距离越短，则获取、运输和处理二氧化碳所需的费用就越低，强化采油项目的经济效益就有可能越好。

（10）油藏经内部天然的压力驱和人工水驱开发后，原始状态下地层流体的平衡状态已经完全被打破，形成十分复杂的不稳定分布状态；储层结构、流体性质、压力场、流体与储层结构的相互作用关系等均与原始状态有很大差别。

适合于二氧化碳强化采油以及二氧化碳封存采油的油藏的选择受到技术和经济上的制约。初步的技术评定指标包括：筛选强化采油和封存的配伍性，对合适的油藏进行技术分级，增产油量和二氧化碳封存量预测。此外，技术上还需要根据油藏的外在条件进行筛选，如地面设备、二氧化碳气源和费用以及其他经济方面的因素等。

参数优化方法可以用于二氧化碳强化采油油藏的技术评价，有学者做了相应的油藏模拟研究，得到了适合二氧化碳强化采油技术的最优油藏和原油参数，以及这些参数的相对重要性（体现为加权因子），如表7.1所示。对于任意一组油藏参数，离最优参数越远，则技术上越不适合二氧化碳强化采油以及二氧化碳的封存。

表 7.1　适合于二氧化碳强化采油的最优油藏参数和加权因子

油藏参数	最优值	加权因子
API 重度/(°API)	37	0.24
剩余油饱和度	60%	0.20
超过 MMP 的压力/MPa	1.4	0.19
温度/℃	71	0.14
净油层厚度/m	15	0.11
渗透率/mD	300	0.07
油藏倾角	20	0.03
孔隙度	20%	0.02

关于用于强化采油活动的二氧化碳的纯度，目前仍无定论。一般认为，二氧化碳的浓度达到 90% 以上即可满足强化采油活动的需要。

7.2.1.4　开展二氧化碳强化采油的意义

根据美国和加拿大长期开展 CCS 的经验数据以及中国在吉林油田开展强化采油先导性试验的结果，进行二氧化碳强化采油时，在每一轮的驱油循环中，注入的二氧化碳平均有 1/3 留在了油田中，而剩余的 2/3 则随产出的原油重新回到地表，经过分离后，进入下一轮的驱油循环。这样持续运行，就能在增加原油产出的同时实现将二氧化碳封存在油层中的目的。

CCS（或 CCUS）项目总投资巨大（主要集中在捕获单元），这也是阻碍其大规模实施的最大障碍之一。如果开展二氧化碳强化采油项目，则能够同时实现原油增产和二氧化碳封存，产生可观的经济收益，这将部分或是全部抵消二氧化碳捕获、运输等过程中的高昂成本，从而推动 CCUS 产业的发展和技术进步。

强化采油对中国有重大意义。近年来，中国的石油需求迅速增长。2008 年中国的原油消费量达到创纪录的 3.76 亿吨，而同期国内石油产量仅为 1.89 亿吨，进口依存度达到 49%。而且，大庆等主要油田经过长期开采，现已接近二次采油的后期，原油产量已经开始出现萎缩。为提高国家石油安全，降低石油进口依存度，一方面需要勘探开发新油田，另一方面还需设法重新提高老油田的产量。强化采油技术的成熟就为提高中国大庆、胜利等老油田的产量提供了一条很有希望的道路。而且，通过实施强化采油项目，一方面能够提高我国的能源安全，另一方面还能以较低成本实现可观的二氧化碳封存量，帮助中国履行减排义务。对中国来说，发展强化采油具有提高石油自给率以及减少二氧化碳排放的双重意义。因此，强化采油技术的发展得到了中国政府的高度重视。

7.2.2 二氧化碳封存与强化天然气开采

除了可用于强化石油的采收，二氧化碳还用于强化天然气的开采。

天然气的开采需要气藏有一定的压力。随着天然气开采的持续进行，气藏压力逐渐下降，当下降到一定程度之后，气藏的压力已经无法提供天然气采出的动力，从而成为废弃气藏。此时，通过向气藏注入二氧化碳，气藏内部压力得到恢复。同时，在气藏条件下，二氧化碳一般处于超临界状态，黏度和密度远大于甲烷。随着注入量的增加，二氧化碳将向下移动，而甲烷气体则向气藏顶部移动，同时气藏压力得到恢复，这样可以稳定地将甲烷驱替出来，并可避免坍塌、沉淀和水侵等现象发生，如图 7.2 所示。

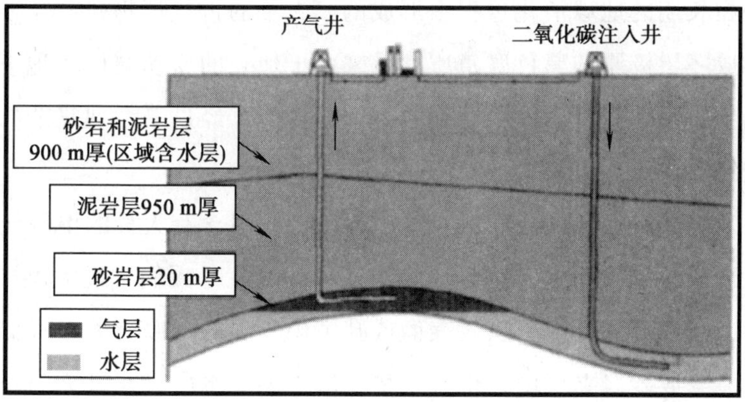

图 7.2　二氧化碳强化天然气开采实施原理示意图

另外，由于二氧化碳和甲烷的物理性质存在较明显的差异，这也有利于提高气藏采收率。这些差异性主要体现在：① 在一般气藏的条件下，二氧化碳的密度是甲烷的2～6倍；② 二氧化碳在地层水中具有更高的溶解性，那么在相同压力条件下，甲烷更容易从地层水中逸出；③ 与甲烷相比，二氧化碳更容易达到超临界状态，在此状态下，二氧化碳这种高密度、低黏度、低扩散、高溶解性的属性将更有利于提高气藏采收率。

研究表明，一般情况下，通过实施强化天然气开采可以将气田的天然气采收率提高5%～15%，具体数量将取决于气田的地质构造以及分离二氧化碳的方法。中国的天然气资源很贫乏，近年来随着经济发展，工业部门和民用部门对于清洁的天然气燃料的需求也迅速攀升。2000—2008年，我国天然气需求量年均增长16.2%。预计2010年需求量将达到1 000亿～1 100亿立方米，而同期的天然气产量只能达到900亿～950亿立方米，缺口近200亿立方米，预计到2020年的缺口将更大。实施二氧化碳强化天然气开采，将能够有效缓解我国天然气供需不平衡的现状，提高天然气资源的利用率，同时实现一定的二氧化碳封存量，因而意义也非常重大。

7.2.3 二氧化碳封存与强化煤层气开采

7.2.3.1 二氧化碳封存与强化煤层气开采的基本原理和工作流程

煤是在长期的地球演化过程中形成的。大量的古代植物残骸长期在地面堆积，形成一层极厚的黑色腐殖质。后来由于地壳的变动被埋入地下，长期与空气隔绝，在地壳巨大的压力和较高的温度下，经过一系列复杂的物理化学过程最终形成煤。

煤层通常具有大量的孔隙，在这些孔隙中一般含有大量的甲烷气体（与煤炭同时形成）和少量的其他轻质烃类气体，也就是人们常说的煤层气。煤层气主要以吸附形式存在于煤炭表面或孔隙中，少部分以游离形式储集于煤层割理、裂缝或砂岩夹层中，也有少量溶解于煤层水中。在过去很长一段时间内，由于缺乏开采技术，煤层气通常在采煤前和采煤过程中被释放到大气中，造成严重的资源浪费。另外，甲烷还是一种强烈的温室气体，其大量排放也加剧了全球变暖的趋势。经过一段时间的研究，人类已经掌握了一些开采煤层气的方法，但大多是依靠煤层自身内部的压力或是采用注入氮气使煤层恢复压力等简单方法，因此煤层气的有效采出率较低，一般仅为 20% ~ 25% 左右。

经研究表明，煤炭对二氧化碳的吸附能力是甲烷的两倍。因此在采煤之前，如果将二氧化碳注入煤层，则二氧化碳会置换煤层中的甲烷，从而有利于煤层气从生产井中溢出。煤层气经分离提纯后加压进入管网，成为能够利用的资源，如图 7.3 所示，这就是前文所说的强化煤层气开采（ECBM）。在这个过程中，二氧化碳被吸附在煤层中。如果在煤层气开采结束后将煤层重新封闭，则这些二氧化碳就能够长期地封存在煤层之中；如果对煤层继续进行开采，则随着煤炭的采出，煤层中吸附的二氧化碳也会随之释放。所以，只有当实施强化煤层气开采的煤层在未来不被开采时，才能够实现长期封存二氧化碳的目的。

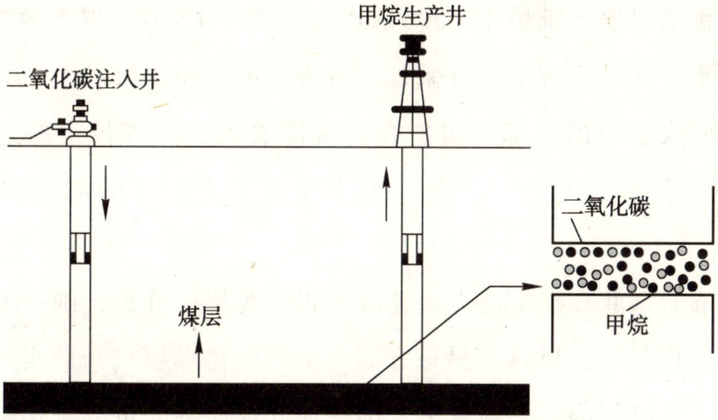

图 7.3　二氧化碳强化煤层气开采实施原理示意图

7.2.3.2　二氧化碳与强化煤层气开采的工程实践

目前，已经开始二氧化碳与强化煤层气开采先导性试验的国家主要有美国、加拿大、比利时、荷兰、波兰、德国、中国等。

1996 年，在美国圣胡安盆地的 Burlinton Allison 试验区进行了世界上第一次二氧化碳与强化煤层气开采实地试验。结果显示，不同井的产量存在较大的差异，有的井采出的煤层气增产 150% 以上。平均来说，通过注入二氧化碳，一般至少可以使煤层气采收率提高 20%。

加拿大阿尔伯特研究院对使用烟道气注入煤层来提高煤层气采收率和埋藏二氧化碳的技术和经济可行性进行了研究，并开展了相关的工程试验。

2001 年，欧盟开始实施 RECOPOL 项目，它是欧洲第一个在煤层中埋藏二氧化碳和提高煤层气采收率的先导性试验示范项目。试验地点位于波兰的西里西亚盆地。储层模拟表明，试验取得了很大的成功。

2003 年，我国在沁水盆地完成了 TL003 井注二氧化碳微型先导性试验，在国内尚属首次。现场工业试验表明，二氧化碳在沁水盆地无烟煤中有较好的埋藏潜能，同时能达到提高煤层气采收率的目的。

7.2.3.3　二氧化碳与强化煤层气开采的评价

对于在强化煤层气开采结束之后要继续采煤的煤层，注入的二氧化碳气体会随着煤层的打通和煤的采出而重新回到大气中，无法实现长期封存的目的。但是实际上，并不是所有的煤层都会被开采。由于开采技术所限，目前人类能够开发的煤层大都位于 1 500 m 以上。位于 1 500 m 以下的煤层，以目前的技术水平还无法实现安全开采，而且煤层的分布深度越大，开采难度越大。尽管这些煤层中的一部分可能在将来随着人类采煤技术的进步得到开采，但是仍然有相当大的一部分在数十年甚至上百年的时间内无法有效开采。

如果能够对这些煤层实施二氧化碳与强化煤层气开采，则一方面为人类提供了大量的优质气体燃料；另一方面，由于强化煤层气开采实施结束后煤层在相当长一段时间内不会被开采，因此注入煤层的大量二氧化碳就能被长期封存。而且，与强化采油一样，产出煤层气的销售收入也能够完全或部分抵消二氧化碳的捕获、运输成本，提高二氧化碳地质封存的经济性。另外，因为煤层已经有长期封存大量煤层气的经历，所以在煤层中长期封存二氧化碳的可靠性一般也比较高。

不过与强化采油相比，人类对于强化煤层气开采的研究才刚开始，目前仅加拿大进行了工业规模的示范，相关技术还未成熟。而且，强化煤层气开采还面临着一些特殊的技术问题。例如，经过初步研究人们发现，当二氧化碳被吸附在煤的表面后，部分二氧化碳会逐渐被煤吸收，而煤在吸收了二氧化碳之后，其物理性质会发生显著的变化：自然煤层的刚性和脆性一般都很强，易裂，而且煤层内部会存在大量的孔隙；而在吸收了一定数量的二氧化碳之后，煤层会逐渐变软、塑化、膨胀和变形，煤内原有孔隙的尺寸也会变小，甚至会消失，这就导致煤层的渗透率严重下降，对强化煤层气开采的持续进行将造成障碍。另外，深度越大的煤层，其内部压力就越高，煤层内部的孔隙率和渗透率也就相应变小，这也会对强化煤层气开采的进行造成困难。

7.3 二氧化碳化工和其他利用技术

除了强化采油、强化煤层气开采和强化天然气开采这三类地质封存和利用方式以外，二氧化碳还有很多其他利用方式。其中，一种非常重要的用途是作为化工生产原料。很多化工产品的生产都需要二氧化碳作为原料，包括尿素、可降解塑料等。二氧化碳本身还是植物生长过程中所必需的，近年来，有研究机构开始关注将二氧化碳用于微藻等低等植物的大规模培育，并探索用微藻作为原料生产清洁液体燃料的可能性。本节将对二氧化碳的这些重要用途进行概括介绍。

7.3.1 合成尿素

尿素的化学名称是碳酰二胺，其分子式为 $CO(NH_2)_2$。尿素的含氮量为46.65%，是含氮量最高的固体氮肥。尿素是世界上最重要的氮肥品种，具有营养成分高、肥效快、对土壤和农作物适应性好、不破坏土壤、贮运及使用方便等优点。除作为肥料以外，尿素还可作为反刍动物的辅助饲料，当尿素被添加在反刍类家畜（牛、羊等）的饲料中时，动物胃内的微生物能够将尿素转变为蛋白质，从而增加肉、奶增产。按蛋白质价值计算，1 kg 尿素的含氮量相当于2.6～2.8 kg 的蛋白质，相当于6 kg 豆饼的效果。

生产尿素的原料主要是液氨和二氧化碳气体。合成尿素用的液氨要求纯度高于99.5%，油含量小于10 ppm，水和惰性物含量小于0.5%，并不含催化剂粉、铁锈等固体杂质。二氧化碳的纯度要求大于98.5%，硫化物含量要低于15 mg/Nm³。

7.3.1.1 尿素合成的生产工艺

在合成塔内，氨和二氧化碳一次反应只有55%～72%转化为尿素（以二氧化碳计），从合成塔出来的物料是含有氨和甲铵的尿素溶液。在进行尿素溶液后加工之前，必须将氨和甲铵分离开来。甲铵分解成氨和二氧化碳，是尿素合成反应中第一步的逆反应，是强吸热反应，用加热、减压和气提等手段能促进这一反应的进行。尿素合成的基本工艺流程如图7.4所示。从图中可以看出，尿素合成的基本过程是二氧化碳与氨在合成塔中进行合成反应得到合成反应液，然后将未反应的二氧化碳与氨从反应液中分离出来，之后返回到尿素合成塔重新进行尿素反应，分离得到的尿素溶液在浓缩后造粒，最终得到成品尿素。

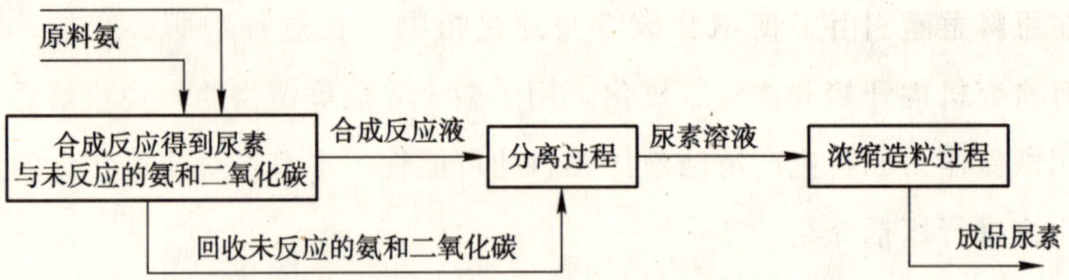

图7.4　尿素合成的基本工艺流程图

近50年来，尿素生产工艺得到了很大的发展。基于不同的分解、循环的方法，发展了多种尿素生产方法，主要是水溶液循环法和气提法。其中，20世纪60年代前以水溶液全循环工艺为主，20世纪60年代中期开始出现气提全循环法，目前使用较广。气提法主要以荷兰的斯泰米卡邦的二氧化碳气提技术与意大利的斯那姆普罗盖提氨气提技术为代表。20世纪80年代以来，气提工艺又有了新的发展。例如，1981年新开发的气提工艺有意大利蒙特爱迪生集团的二氧化碳＋氨双气提工艺（简称IDR工艺）。又如，1982年日本三井东压和东洋工程公司联合开发的节资、节能工艺（简称ACES工艺）。韩国已经采用该工艺建成了一套日产尿素600 t的生产装置，并已经投产。我国尿素工业始于1968年，当初在南京永利宁厂建成了年产3 kt半循环法中试装置并投入生产，后在上海化工研究院试验数据的基础上，上海吴泾化工厂建成了年产 15 kt 的半循环法工业装置并投入生产。

7.3.1.2 尿素工业的市场现状

由于对农业生产有巨大的促进作用，全世界和我国的尿素的需求量和产量都非常大。数据显示，近年来世界尿素产能逐年增加，2005 年为 1.44 亿吨，2006 年为 1.52 亿吨，2007 年达 1.58 亿吨，2008 年约为 1.63 亿吨，四年间尿素产能增长了 1 900 万吨。增长幅度较大的地区主要集中在天然气、煤资源丰富的地方，如东欧及中亚、中东、南亚（印度）、东亚（中国），其中，西亚和中国贡献了产能增加量的 83%。

据中国氮肥工业协会统计，到 2007 年年底，我国尿素产能已达到 5 300 万吨以上，到 2008 年年底，全国尿素产能近 6 000 万吨。2006 年全国尿素总产量 4 578.6 万吨，2007 年产量 4 987.5 万吨，2008 年产量 5 104.1 万吨，市场需求也非常强劲，基本上处于供需平衡的状态。

在原料方面，由于我国拥有丰富的煤炭资源，而油气资源匮乏，因此我国的尿素生产主要以煤基合成气为主。2006—2007 年，不同原料生产的尿素占总量的比例如下：以煤为原料的分别占总产量的 66.1% 和 68.2%；以天然气为原料的分别占 31.0% 和 27.8%，其他原料的分别为 3.0% 和 3.7%。

7.3.1.3 尿素生产与碳捕获与封存行业的关联

前面已经介绍过，尿素生产的原料为液氨和二氧化碳。由于液氨运输较为困难，大多数尿素厂都选择在厂内直接生产合成氨，随后将生产出的合成氨送往尿素合成车间用于尿素生产。世界上大多数国家都是以天然气为原料生产合成氨的，我国由于天然气资源较为缺乏，大多数合成氨生产装置都采用煤炭气化的生产方案。煤气化生产合成氨的基本流程如下：首先，煤炭被送往气化炉，与氧气（或空气）和水发生气化反应，生成的主要成分为一氧化碳和氢气的合成气。而后，通过水煤气变换反应，使一氧化碳与水蒸气反应而转化为二氧化碳和氢气，然后将二氧化碳等气体与氢气分离，获得较纯的氢气。随后，氢气和氮气在氨合成塔中发生氨合成反应。因此，在以煤炭为基本原料生产液氨的过程中同时产生了一定量的较纯的二氧化碳，这部分二氧化碳可以很容易地捕获并用于后续的尿素生产过程。

根据尿素生产的工业经验，尿素生产时消耗的氢气（用于合成氨生产）和二氧化碳的质量比为1∶7.56。利用煤气化炉制氢过程中得到的氢气与合成气净化时得到的二氧化碳的质量比为1∶18.34（以在煤化工行业应用最多的德士古水煤浆气化炉为例），也就是说制氢过程中获得的二氧化碳完全能够满足尿素生产时对原料的需求。尽管不同的气化技术生产出来的氢气和二氧化碳的质量比存在一些差别，但是我们基本上还是可以确信，在基于煤气化合成气生产尿素的生产装置中，原料二氧化碳完全可以由制氢过程提供，而无需从外界专门购买。事实上，中国目前绝大多数的尿素合成厂都是这样做的。

因此，对于使用煤气化技术生产尿素，并不需要从其他的排放源专门捕获二氧化碳作为其生产的原料，其自身就是一个二氧化碳捕获和利用的系统。

7.3.2 合成长效碳酸氢铵

碳酸氢铵（碳铵）也是一种非常重要的氮肥，其化学式为$(NH_4)HCO_3$，含氮17.7%。由于其容易分解为氨气、二氧化碳和水蒸气三种气体而消失，故又称气肥。碳铵作为氮肥的优点在于，其分解产物对植物来说都是有用的养分，不含有害的中间产物或最终分解产物，长期施用不影响土质，使用安全。另外，碳铵的有效成分不易随雨水等下渗流失，淋失量比其他氮肥小，铵离子和形成的硝酸根离子进入地下水而影响水质的程度也较小。

碳铵的生产原料是合成氨、二氧化碳和水。工业上生产碳铵的基本原理是：首先使用氨气与水制成浓氨水［式（7.1）］，而后向浓氨水中连续通入二氧化碳，使水合氨与二氧化碳发生化合反应，生成碳酸氢铵［式（7.2）］。

$$NH_3 + H_2O \rightarrow NH_3 \cdot H_2O \quad (7.1)$$

$$NH_3 \cdot H_2O + CO_2 \rightarrow (NH_4)HCO_3 \quad (7.2)$$

尽管碳酸氢铵作为一种重要的氮肥已经应用了多年，但是其存在的明显缺点使其未来的发展遇到了很大的障碍：首先，碳铵的化学性质不稳定，在常规存放条件下就易分解成为氨气、二氧化碳和水，其年挥发损失高达15% ~20%。其次，碳铵的含氮量只有17%，氮素利用率也较低（仅为25%左右），与同等质量的尿素相比，碳铵的施肥面积要小得多。再次，碳铵的肥效期很短，只有35 ~45 d，远短于尿素和其他复合氮肥，在农作物生长期内需要重复施肥，劳动量需求大。

由于碳铵存在的这些明显的缺点，近年来有被尿素和复合肥所取代的趋势。为了维持现有中小型碳酸氢铵生产企业的生存，中科院沈阳应用生态研究所在碳酸氢铵生产技术的基础上研发出了长效碳酸氢铵生产技术。长效碳酸氢铵的生产仍以二氧化碳、氨气和水合成碳铵的工艺为基础，只是在碳化过程中利用研发的新型氨稳定剂与碳酸氢铵形成一种稳定的共结晶体，克服了碳酸氢铵易挥发、氮素利用率低、肥效期短和易结块的缺点，可使碳酸氢铵的挥发损失减少52%，明显改善了碳酸氢铵的贮存环境。同时，长效碳酸氢铵的氮素利用率由原来碳铵的25%提高到35%，具有明显的节肥作用。长效碳酸氢铵的肥效期由原来的35 ~40 d延长到了90 ~110 d，可免去追肥工序，省工省力。此外，与碳铵相比，长效碳酸氢铵能有效减少土壤中氧化亚氮和亚硝态氮的形成量，减轻对地下水的污染和对大气臭氧层的破坏。在等氮量施肥条件下，较碳铵增产13%左右。

随着长效碳酸氢铵合成技术的成功开发，国内已经有多家碳铵生产企业通过采用该技术而重新获得了生机和活力。预计在未来一段时间，随着合成技术的进一步成熟和产品性能的进一步完善，长效碳酸氢铵在我国将拥有更为广阔的市场前景。

总结起来，长效碳酸氢铵的生产与碳捕获与封存产业之间的关联与尿素生产一样，其生产原料也是二氧化碳与合成氨，同样是由于氨难于运输的原因，大多数长效碳酸氢铵生产企业都选择自行生产合成氨，因此，可以使用合成氨废气中的二氧化碳作为生产原料。

7.3.3 合成可降解塑料

相比于其他材料，塑料具有耐化学侵蚀、绝缘性好、重量轻、强度高

(某些品种)、易加工、易实现大规模生产、价格便宜等优点，因此已经被广泛应用到了农业、产品外壳、产品包装、建材等众多领域之中。而且，近年来还成功开发了多种具有特殊性能的特种塑料，包括拥有超强耐高温性能的氟塑料和有机硅塑料、拥有超高强度的增强塑料、具有高缓冲性的特种泡沫塑料等，这些塑料材料已经被广泛地应用到了航天、航空等工作条件十分恶劣的特殊领域。可以说，没有塑料，人类就无法享受现代的舒适生活。

通常，可用于生产塑料的原料包括轻烯烃（乙烯、丙烯、苯乙烯、氯乙烯等)、酰胺、砜、硫醚等。这些原料大多来自于石化行业，来源广泛，价格低廉，因此目前全世界绝大多数塑料产品都是以石化产品作为原料的。但是，以石化产品作为原料生产的塑料产品的化学性质通常过于稳定，在自然条件下被降解需要花费上百年甚至上千年的时间，所以这些塑料产品在废弃后如果不能得到有效的回收利用（事实上，数量巨大的包装袋没有实现回收)，将会对环境造成巨大的污染。以废弃塑料袋为主所造成的白色污染已经成为困扰人类的最严重的环境问题之一。为了减少塑料造成的白色污染，近年来研发了垃圾焚烧发电技术。但是，这些以石油制品为原料的塑料在燃烧过程中会产生二恶英等物质（二恶英被认为是一种严重的致癌物)，会对周边居民的健康造成严重的威胁，因而垃圾焚烧发电厂的建设在全世界范围内都存在很大的争议，未来的前景仍不明朗。

为解决常规塑料制品废弃后因无法降解而造成的严重环境污染问题，同时继续满足人类生产、生活对于塑料制品的需求，科研人员近年来致力于研究在自然条件下可自行降解的塑料制品。这种材料最大的特点是，能够在数十天到数月的时间内被自然界中存在的微生物降解，不会造成长期的白色污染。另外，这种塑料的燃烧产物仅为二氧化碳和水，不会释放出二恶英等有毒气体，对环境无害，因此废弃的塑料制品也可被送往垃圾焚烧发电厂。另外，这种塑料也可以像普通塑料一样回收利用。因此，可降解塑料可被用做一次性包装材料、餐具材料、保鲜材料、一次性医用材料、地膜等。

目前已经开发成功的可降解塑料主要包括二氧化碳基可降解塑料、聚己内酯、聚乳酸、淀粉基塑料、聚 3－羟基丁酸和戊酸酯共聚物、聚乙烯醇/淀粉共聚物等。各种主要的可降解塑料的性能对比见表 7.2。

表 7.2 二氧化碳基降解塑料和其他降解塑料的比较

	CO_2基降解塑料	聚己内酯	聚乳酸	淀粉基塑料	聚 3 – 羟基丁酸和戊酸酯共聚物	聚乙烯醇/淀粉共聚物
生产原料	CO_2石化产品	石化产品	淀粉	淀粉	淀粉废糖蜜	石化产品淀粉
应用性能	阻气性好，透明度好，断裂伸长率高	生物适性好，力学性能好	透明度高	透明度差，耐水性较差	生物适性好，阻气性好	类似普通塑料
降解性能	可生物降解，也可光降解	可生物降解	可生物降解	可生物降解	可生物降解	可生物降解，也可水解

由表 7.2 可见，二氧化碳基可降解塑料与其他可降解塑料具有同样优异的性质，但在生产原料方面，二氧化碳基可降解塑料则具有较明显的优势。除二氧化碳基可降解塑料外，其他几种可降解塑料的生产原料要么仅为石化产品（和常规塑料一样，需要消耗大量的石油资源），要么仅为淀粉等需要从可食用植物中获取的生物材料（会发生人畜争粮的现象），要么同时需要石化产品和生物材料。而二氧化碳基可降解塑料的生产原料中仅有一半为石化产品，另外一半是二氧化碳。二氧化碳在自然界中广泛存在，而且化石燃料燃烧过程还会释放大量的二氧化碳，其来源非常广泛。所以，从生产原料的角度来看，二氧化碳基可降解塑料是更有发展前景的。

7.3.3.1 技术原理和工艺

1969 年，日本油封公司发现二氧化碳和环氧丙烷在催化剂作用下共聚可得到交替型脂肪族聚碳酸酯，这种聚合物具有良好的环境可降解性，这成为全世界二氧化碳基可降解塑料发展的开端。美国在此基础上通过改进催化剂，于 1994 年生产出二氧化碳/环氧丙烷可降解共聚物塑料。后来美国德克萨斯 A&M 大学的 Donald J. Darensbourg 教授成功开发了二氧化碳/环氧丙烷塑料的生产工艺，实现了二氧化碳/环氧丙烷可降解塑料的工业化生产。后来研究人员又发现，通过向二氧化碳/环氧丙烷反应物体系添加环氧乙烷或环氧环己烷等原料，所获得的不同物理特性的聚合物材料同样具有良好的生物降解性，并进而成功开发出了二氧化碳/环氧丙烷/环氧乙烷和二氧化碳/

环氧丙烷/环氧环己烷等若干新型可降解塑料。

不过，对于现在已经基本成熟的二氧化碳基可降解塑料的生产，除了需要二氧化碳作为原料以外，还需要消耗同等规模的石化产品（如环氧丙烷、环氧乙烷或环氧环己烷等），因此在一定程度上会受到石化行业的制约。美国 Cornell 大学研究人员发现了一种利用可再生资源和二氧化碳制取可降解塑料的方法。该方法使用R－环氧柠檬烷（LO）和二氧化碳作为原料，其中 LO 可由自然界的环状单萜烯、柠檬烯（广泛存在于 300 多种植物中）得到。虽然目前该技术仍处于实验室研究阶段，但是因为其能够使可降解塑料的生产完全脱离石化行业的限制，因此得到了越来越多的关注，并成为新的研究和开发热点。

二氧化碳基可降解塑料项目所用的生产装置及工艺流程如图 7.5 所示。具体的生产步骤为：将环氧丙烷和稀土催化剂加入到预先干燥过的高压反应釜内，然后通入 5.5 ~ 6.0 MPa 的二氧化碳，在一定的温度下，使用速控电机连续搅拌 14 小时后，即得到二氧化碳基可降解共聚物。聚合反应结束后，将聚合釜内的二氧化碳共聚物放入回收釜中，把过剩的环氧丙烷及二氧化碳回收到回收罐和气柜中。再将回收釜中的聚合物通过水环切粒机进行切粒、洗涤，而后进行干燥、挤出、造粒、包装，得到合格的二氧化碳基全降解塑

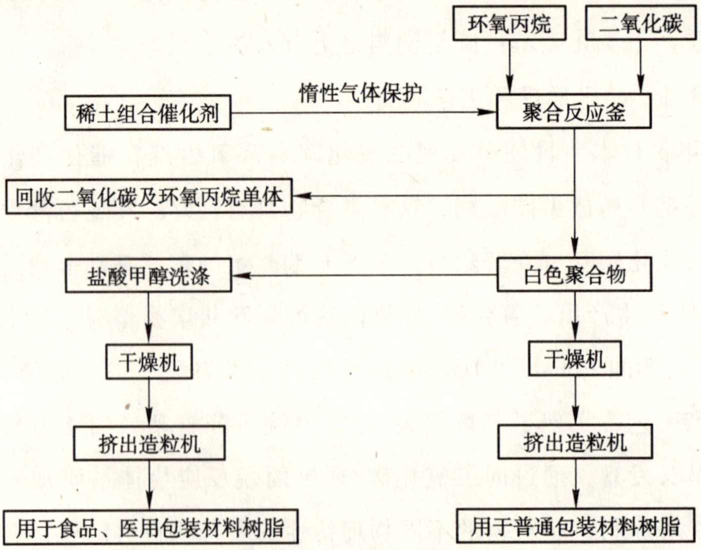

图 7.5　二氧化碳基可降解塑料的生产工艺流程

料母粒。该反应过程要求确保无水、无氧，因此原料需要经过干燥、精馏处理，并经检验达到要求后才能进行聚合反应。可降解塑料产品能够在5~60 d的时间内完全降解为二氧化碳和水，同时降解产物中也不含有任何其他的有毒、有害物质，对环境非常友好。

7.3.3.2 二氧化碳基可降解塑料的市场分析

人类日常生产、生活的方方面面都离不开塑料，全世界对塑料制品的需求量非常巨大，而且随着人类生活水平的不断提高，对塑料的需求量还将进一步上升。目前，全世界塑料的年产量为1亿吨，如果按每年15%的塑料废弃量计算，全世界每年的塑料废弃量就有1 500万吨。中国目前的塑料年产量为300万吨，消费量则为600万吨，塑料年废弃量在100万吨以上，废弃塑料在垃圾中的比例占到40%，如果用常规的垃圾焚烧方法处理会产生二恶英等有毒气体，容易招致居民的反对，而且和其他垃圾混在一起的塑料制品（主要是各类包装袋、薄膜等）的分离回收非常困难，大多只能埋于地下。巨量的废弃塑料垃圾被埋在地下，由于长期不降解，造成了严重的白色污染问题，同时，给我国本不富裕的耕地资源带来了更大的压力。因此，全世界都在积极探索，寻求用可降解材料替代常规塑料制品的可能途径。

二氧化碳基可降解塑料由于具有和常规塑料相近的性能和良好的环保性，可广泛用于各类包装袋、农用薄膜、一次性餐具、儿童玩具等领域，而且随着未来技术的进步，二氧化碳基可降解塑料的应用范围可进一步拓展到医药、精细化工等行业，这为二氧化碳基可降解塑料提供了非常广阔的潜在市场。如果全世界每年生产的塑料制品中有10%采用可降解材料，那么就有一个1 000万吨的巨大市场，考虑到目前可降解材料的市场价格是2 000~2 500美元/t，该市场的总产值可高达上百亿美元。此外，在前文曾介绍过，目前二氧化碳基可降解塑料的生产原料中有一半是二氧化碳，仅另外一半需要石化产品，而且将来石化产品在生产原料中所占的比例还有可能随着技术的进步而逐渐降低，有助于节约宝贵的石油资源，这在石油价格猛涨的今天显得尤为宝贵。因此二氧化碳基可降解塑料在未来有非常广阔的市场前景。

到现在为止，全世界只有美国、日本、韩国和中国等实现了二氧化碳基可降解塑料的规模生产，其中，美国年产量约为2万吨，日本、韩国也已形成年产上万吨的规模。我国目前已有四家二氧化碳基可降解塑料的生产企业，总产能已达每年1.3万吨，但相比于我国未来对可降解塑料制品的潜在需求，目前的生产能力肯定是远远不够的，因此可降解塑料仍有巨大的市场空间。

7.3.3.3　二氧化碳基可降解塑料生产与碳捕获与封存行业之间的关联

就目前的可降解塑料的生产技术而言，生产1 t可降解塑料需要消耗大约0.5 t二氧化碳，其余的原料则主要是石化产品——环氧丙烷、环氧乙烷、环氧环己烷等。而且目前相关企业和研究机构还在积极探索进一步提高二氧化碳在生产原料中的比例的方法。考虑到未来可降解塑料市场的发展前景，以及对原材料二氧化碳的大量需求，充分利用从排放源捕获到的二氧化碳将是一条有效途径。但是，目前二氧化碳基可降解塑料的生产装置普遍较小（最大的仅万吨左右），单台生产装置所消耗的二氧化碳的量非常有限（可能每年仅为几千吨）。不过，随着将来可降解塑料市场需求的不断增大，生产装置的规模也必将不断增大，从而为集中利用二氧化碳提供良机。

7.3.4　二氧化碳的蓝藻吸收和综合利用

随着化石资源的日益枯竭，人类开始积极寻找替代燃料（主要是核能和可再生能源），以满足人类的能源需求。生物燃料是其中非常重要的一种。按照发展的时间顺序，一般将生物燃料分为三代。

第一代生物燃料是用甘蔗、玉米、木薯等粮食作物作为原料，将其中的糖分经过催化过程转化为燃料乙醇。该方法在技术上是完全成熟的，美国和巴西是世界上生产粮食乙醇最多的两个国家。但是这种生物燃料的生产需要消耗大量的粮食资源，其发展受到越来越多的阻碍。

第二代生物燃料以秸秆、柴草和废弃木材等非粮生物作为原料，通过催化过程将原料中的纤维素转化为简单糖类，进而生产乙醇或生物柴油等燃料。由于不会发生人畜争粮的现象，而且秸秆、柴草和废弃木材的资源储量非常丰富，所以第二代生物燃料在原材料方面很有优势。但是，巨大的纤维素分子在目前的催化技术下很难被彻底打开并分解成单糖，因此液体燃料的生产率并不能令人满意。第二代生物燃料尚未实现产业化，还需要进一步的研究。

近年来，人类又将眼光投向一种新的生物燃料生产方法，该方法利用蓝藻作为原料，生产出的生物燃料被称作第三代生物燃料。蓝藻是原核生物，又叫蓝绿藻、蓝细菌，是最简单、最原始的藻类植物。与传统的第一代和第二代生物燃料较低的原料转化率相比，由于蓝藻细胞的大部分组成物质可被转化为燃料，因此其能量转化效率远高于第一代和第二代生物燃料，未来将有较大的发展潜力。目前来看，由于蓝藻的养殖尚未达到大规模生产的要求，用其作为原材料的成本仍然较高，大致在 5 ~ 10 美元/kg，无法与第一代和第二代生物燃料相竞争。但很多企业和研究机构对以蓝藻为原料的第三代生物燃料的发展前景非常有信心，正在积极开展蓝藻生物燃料技术的研发，预计在不远的将来，以蓝藻为原料生产生物燃料的成本将显著降低。

7.3.4.1 蓝藻的养殖与制取生物燃料的原理和工艺

与第一代和第二代生物燃料所使用的生物质原料相比，蓝藻更适合作为生物燃料的生产原料。其主要原因包括：

（1）细胞结构简单，易分解，而且体内油脂类成分含量高（可以高达 40% ~80%）。

（2）生长能力强，培育过程无需使用化肥；而且繁殖速度极快，在合适的生长环境中，蓝藻细胞每天能够分裂三次以上。另外，蓝藻在生长过程中不会像其他农作物那样向大气中释放甲烷等温室气体。

（3）能够在盐水环境中培育，无须占用耕地资源。

（4）蓝藻合成的生物燃料无毒，可以被微生物所降解。

用蓝藻生产生物燃料可以通过热化学的方法实现。日本学者在 2004 年进行了蓝藻制取生物燃料的试验。他们使蓝藻浆液（大量蓝藻的细胞残骸）在高温、高压（300 ~340 ℃、3 MPa）的反应釜中发生降解反应，最终得到了以碳链 18 烷烃为主要成分的油品，属于柴油类燃料。而且试验结果表明，用蓝藻制作生物柴油时油品产出率（产出油品的质量与蓝藻生物质原料干基质量的比值）可以高达 33%，能量转换效率（产出油品的热值与蓝藻生物质原料总热值的比值）可达到 40%，远高于第一代和第二代生物燃料。经检验，用蓝藻合成的生物柴油的热值为 28 ~ 31 MJ/kg，比石油基柴油略小（石油基柴油的典型热值为 42.6 MJ/kg），但是已能够达到一般柴油发动机的要求。对产出油品进行燃烧试验发现，用蓝藻生产的生物柴油在燃烧过程中碳烟、颗粒物、一氧化碳、烃类物质和硫化物的排放量均有所下降，但氮化物的排放量略有上升。

由于蓝藻具有培育占地面积小、生长迅速快、油品产出率高等优点，因而与常规生物燃料相比较，在培育面积相同时，用蓝藻生产的生物柴油的产量要远高出后者。有学者做过估算，在较理想的培育条件下，用蓝藻生产的生物柴油的年产量可以达到 1 800 ~ 2 000 gal/acre（16 837 ~ 18 707 L/hm^2），而以大豆、油菜籽、棕榈树油为原料生产的生物柴油的年产量仅分别为 50 gal/acre（468 L/hm^2）、130 gal/acre（1 217 L/hm^2）和 650 gal/acre（6 084 L/hm^2），蓝藻的油品产量分别是后三者的 40 倍、15.4 倍和 3.1 倍，其优势非常明显。而且，蓝藻的培育无需使用肥沃的土地，从而彻底解决了第一代和第二代生物质燃料与人争粮和与粮争地的问题。Sean Milmo 指出，如果能够用 2 000 ~ 4 000 万英亩的不适合农作物生长的贫瘠土地培育蓝藻，则产出的生物柴油的数量足以抵消美国全年的石油进口量。所以，使用蓝藻作为原料生产生物柴油是一种非常高效的可再生能源替代途径。

7.3.4.2　蓝藻生物燃料技术发展现状与碳捕获与封存产业之间的关联

研究表明，提高蓝藻生长环境中的二氧化碳浓度能够显著提高蓝藻的生长速度，而且蓝藻对杂质气体的适应能力很强，电厂排放的烟气不经处理就可直接通入培育蓝藻的水体中，烟气中的硫化物和氮化物等杂质气体可以和二氧化碳一同被蓝藻作为养分吸收，这既能够降低电厂烟气处理的成本，又能以很低的能耗实现电厂烟气的脱碳，同时还能增加蓝藻和生物柴油的产量，提高经济效益，是一种一举三得的好方法。不过由于电厂烟气中二氧化碳的浓度过低，烟气流量过大，因此在实际操作中往往先对电厂烟气进行浓缩处理，仅将得到的二氧化碳浓度较高的部分烟气送往蓝藻的培育装置中，而浓度较低的部分则经过简单处理后被排放到大气之中。从煤化工厂、水泥厂、钢铁厂等获得的含二氧化碳的废气或烟气在经过简单的处理后也能够用于蓝藻的养殖。因此作者认为，将从各种排放源捕获得到的二氧化碳用于蓝藻的养殖，并用生产出的蓝藻作为原料生产生物柴油，是实现二氧化碳捕获和综合利用的极佳途径。

美国能源部的研究人员设计了一套包括电厂排放烟气、蓝藻养殖和生物柴油合成三个环节在内的集成生产装置，如图 7.6 所示。

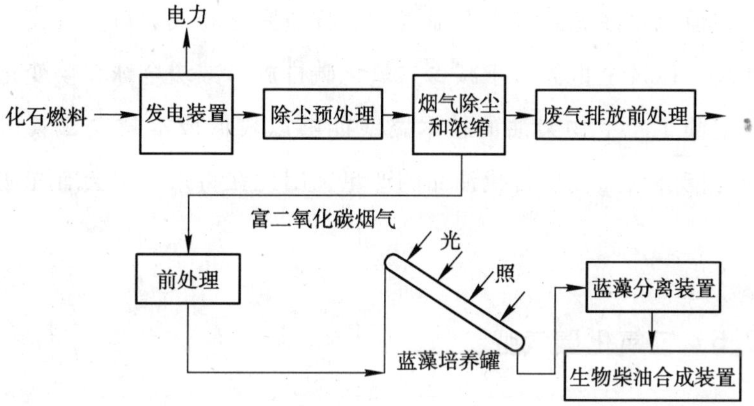

图 7.6　将电厂烟气直接用于蓝藻培育和生物柴油合成的集成系统示意图

不过到目前为止，养殖蓝藻并用于合成生物柴油的技术仍不够成熟，还有若干重大问题亟待解决，因此距离大规模推广和商业化运作还有相当长的距离，需要进一步的研发。存在的问题主要包括：

（1）养殖蓝藻的水耗过大。在目前的技术和经济条件下，要想比较经济地进行蓝藻的养殖和生物柴油的生产，蓝藻的最小种植面积为 1 000 hm^2，每天需要泵送 100 万吨的盐水，水耗高出常规农作物的一倍多。因此，减少蓝藻养殖过程中的水耗是一个大问题。

（2）蓝藻生物质的分离成本偏高。蓝藻需要在水体环境中进行养殖。由于体积微小，因此需要用适合的方法将其从水中分离出来才能够集中进行生物柴油的合成。目前使用的分离方法主要是离心分离法和化学絮凝法，但这两种方法在大规模实施时的成本偏高，无法满足经济性的要求。因此未来还需要开发低成本的蓝藻生物质分离技术。

（3）生物柴油的生产成本过高。在目前的技术水平下，通过养殖蓝藻合成生物柴油的最低成本为 4.54 美元/gal。若要在没有任何补贴的情况下与常规柴油进行竞争，蓝藻生物柴油的生产成本至少需要降至 1.81 美元/gal 才行（按 2006 年平均石油价格估算）。所以，未来要实现蓝藻合成生物柴油的大规模生产，还需要科研人员不断克服技术障碍，降低蓝藻养殖和生物柴油合成的成本才行。

目前，尽管捕获二氧化碳培育蓝藻、再用蓝藻合成生物柴油的技术路线远未成熟，但也要注意到未来石油资源的日益匮乏和人类对于替代能源需求的不断增长，以及全世界对于减少二氧化碳排放、减缓全球气候变化的强烈呼声。以蓝藻生产生物柴油的技术路线能够以较低成本减少二氧化碳的排放，同时还能够增加优质替代油品的产量，因此在将来一定会有光明的发展前景。

7.3.5 二氧化碳气肥

在日光温室和大棚作物栽培中，施用二氧化碳气肥是作物获得优质高产的一项新技术。据专家试验，一般可使作物增产 20% 以上，而且病虫害明显减轻，维生素含量大幅度提高。二氧化碳是光合作用的原料。试验研究表明：如果把二氧化碳浓度（大气中的浓度为 300×10^{-6}左右）提高到 $1\,000\times10^{-6}$，植物的光合效率可提高一倍以上；如果把二氧化碳的浓度降低到 50×10^{-6}，光合作用会因缺乏原料而停止。二氧化碳浓度在 $(100\sim2\,000)\times10^{-6}$ 之间时，作物产量会随二氧化碳浓度的增加而提高。一些发达国家早在 20 世纪 70 年代就开始推广此项技术。我国近几年也开始试验并应用这项新技术。

7.3.5.1 二氧化碳气肥增产原理

农作物在整个生育期中，光合作用是制造有机物质的主要代谢过程。作物通过叶绿素的光合作用，吸收二氧化碳和水，生成碳水化合物等有机物质和氧气，因此二氧化碳是作物光合作用的“原料”之一，碳水化合物等有机物质是光合作用的“产品”。农作物要获得高产就需要充足的“原料”，其中，二氧化碳主要来自大气，但在温室和大棚中栽培作物，为了保温，棚室经常处于密闭状态，缺少内外气体交换的机会，棚室内二氧化碳浓度变幅较大。日出前二氧化碳浓度最大，中午时浓度降到最低点，此时光照最强，光合作用的强度最大，而二氧化碳处于严重亏缺状态，影响光合作用的正常进行。严重时，作物长势弱、茎秆细、叶片黄薄，果实瘦小，直接影响农作物的产量。因此棚室内二氧化碳亏缺是影响农作物光合作用的主要限制因素。由此可见，增加棚室内二氧化碳浓度，可大大提高作物的光合效率，达到高产的目的。

另外，施二氧化碳气肥还可进一步改善和提高棚室内的光照、温度等条件，有利于作物的生长发育。

7.3.5.2　二氧化碳气肥的来源

目前国内常用的二氧化碳气肥来源主要有以下几种：

（1）通风换气法：在条件允许的情况下，尽量延长棚室内外的通风时间，增加棚室内二氧化碳的含量。

（2）有机发酵法：在棚室内增施有机肥，不仅可以改良棚室内的土壤，防止土壤板结和盐渍化，满足果蔬对各种营养元素的需求，而且可以使有机肥在发酵分解过程中释放二氧化碳，这是解决二氧化碳肥源的简易方法。

（3）化学反应法：① 将石灰石粉碎成 2 ~ 3 cm 的碎块，放入塑料桶内，再把盐酸与水按 1∶1 的比例稀释摇匀，倒入塑料桶内，便可产生二氧化碳气体。② 用农用化肥碳酸氢铵与工业硫酸反应，产生二氧化碳气体。先取三份水放入非金属容器内，再将一份浓硫酸缓缓倒入容器内，边倒边搅拌，直到冷却。然后把碳酸氢铵放入。温室时每 40 ~ 50 m^2 放置一个塑料桶，吊于果蔬上方 15 ~ 20 cm 处，再将以上配好的溶液倒入。通常每天每桶需用硫酸 105 kg，并加 200 g 碳酸氢铵；或盐酸2 kg，并加石灰 400 g。化学反应法在生产上用得较多，适于大面积推广（高寒地区严寒季节除外）。其优点是成本较低，原料容易获得，使用方法简单。

（4）高压液体钢瓶供气法：通过减压阀门控制钢瓶中二氧化碳气体的流量，经过软管进行定时定量的供应。通常每天每 100 m^2 的释放量为 50 ~ 80 L，每瓶可以使用 20 ~ 25 d。该方法的特点是操作简便，浓度容易控制，但价格较高。

（5）固体气肥释放法：购买成品白色固态二氧化碳气肥，通常每粒为

10 g，可产气35 d左右。在室内每平方米放置一粒，埋入土中3～4 cm，保持土壤湿润即可。通常每667 m^2放4～6 kg，一个月后再放入6～8 kg。

（6）燃烧制备法：这种方法是通过引气设备将煤油、液化石油气等燃烧产生的二氧化碳气体过滤后向棚室内输送。该方法的特点是燃烧时产生的热量可以增加棚室内的温度，适合高寒地区采用。但设备复杂，造价昂贵，成本偏高，经济性差，且不易实现定时定量控制。

（7）固体二氧化碳（干冰）：适用于小范围试验，成本较高。

7.3.6 二氧化碳的其他化工利用途径

除前面介绍的几种途径以外，近年来随着对减少二氧化碳排放和寻找其可能的利用途径的日益关注，人们提出了一些更新颖的二氧化碳的利用方法，包括用氢气还原二氧化碳制甲醇、人工模拟光合作用、二氧化碳直接电解还原、矿物或工业废物（如蛇纹石、方解石等）固定二氧化碳制备化工产品等。与前面介绍的方法相比，这几条二氧化碳利用途径的成熟度要差很多，到目前为止都还处于概念的验证阶段，其未来的推广应用还无法判断。因此，这里仅对其潜在利用途径的概念和技术原理进行介绍。

7.3.6.1 二氧化碳催化氢化

催化氢化是二氧化碳资源化利用的重要技术手段，该类反应可生成甲烷、甲酸或甲醇等有机物，因而具有广阔的应用前景。二氧化碳催化氢化是指，在一定条件下，二氧化碳和氢气或其他供氢体发生还原反应并生成甲烷、甲醇、甲酸等化合物的过程。另外，二氧化碳还可以和许多有机物进行羧化反应生成羧基或酯基产物，现已工业化生产的有尿素和水杨酸等。而通过二氧化碳催化氢化，将其转化为甲烷、甲醇、甲酸等能被工业广泛利用的有机物，将是今后研究的热点。

从二氧化碳催化氢化生成产物方面考虑，主要的技术研究包括二氧化碳加氢甲酸化、二氧化碳加氢甲烷化、二氧化碳加氢甲醇化等。

1. 二氧化碳加氢甲酸化技术

目前，Ru、Rh、Raney－Ni等催化剂用在催化氢化二氧化碳生成甲酸的反应当中。研究者们对含手臂胺配体、三甲基膦配体和Tp[tris(pyrazolyl)bo-rate]配体的二价钌配合物催化氢化二氧化碳生成甲酸的机理分别进行了讨论，经研究发现：在Ru（Ⅱ）配合物催化氢化二氧化碳生成甲酸的反应中，碱的加入有利于甲酸的稳定，并且溶剂对催化氢化反应有非常大的影响。在一些催化循环中，二氧化碳插入Ru－H键生成甲酸根配合物是反应的关键步骤，但在质子性溶剂中，二氧化碳可以不插入Ru－H键而直接从催化中间体夺取一个氢质子和一个负氢离子生成甲酸。在超临界二氧化碳（sc CO_2）体系中，催化反应速度对氢气和二氧化碳均为一级反应，但醇对反应的影响还有待进一步探讨。

2. 二氧化碳加氢甲烷化技术

二氧化碳的加氢甲烷化技术成熟，相关催化剂的开发是一个热点。一般采用负载型Ⅷ族金属作催化剂，也可以采用非Ⅷ族金属核无机氧化物载体作催化剂。镍是良好的二氧化碳和一氧化碳甲烷化催化剂；Al_2O_3、SiO_2、TiO_2和MgO等负载的过渡金属Ru、Rh、Ni和Pd等催化剂都具有良好的催化二氧化碳甲烷化性能。其中，Ru是二氧化碳甲烷化反应中最具低温催化活性的金属。

3. 二氧化碳加氢甲醇化技术

二氧化碳加氢醇化可生成甲醇或者乙醇等醇类物质，很多学者开始看重二氧化碳加氢醇化技术的研究。二氧化碳加氢合成甲醇催化剂大多是在一氧化碳加氢制甲醇催化剂的基础上加以改进得到的。二氧化碳催化加氢合成甲醇具有反应条件温和、选择性好等优点。二氧化碳加氢合成甲醇的研究，主要集中在对Cu－Zn系主体催化剂的改性方面，即催化剂添加辅助元素及其超细粉体化，降低反应能耗等。

4. 其他技术

催化氢化二氧化碳还可生成低碳烯烃，从长远考虑，此法比由甲醇制烯烃的路线更为经济。从二氧化碳出发直接制取低碳烯烃通常采用费－托法，但用传统费－托法合成得到的低碳烯烃选择性差，近来的研究主要集中在如何提高催化剂的选择性上。韩国学者分别研究了$Fe-K/\gamma-Al_2O_3$和$Fe-Ru-K/\gamma-Al_2O_3$两种催化剂在二氧化碳催化氢化生成甲烷、C_2-C_4等烃类物质中的反应，其中后者表现出了较高的选择催化活性，从而肯定了钌配合物在二氧化碳催化氢化合成烃类物质时的重要作用。

7.3.6.2 人工光合作用

光合作用广泛存在于自然界，叶绿体收集太阳光能，将水和二氧化碳转化为有机物（首先是葡萄糖），并释放出氧气。光合作用是所有绿色植物生长的基础，因而也是整个地球生态系统存在的基础。实际上，人们现在所利用的绝大多数能源，包括煤炭、石油、天然气以及生物质都来自于古代或是现代植物的光合作用。在特殊的光合作用酶的帮助下，绿色植物对太阳能的利用效率要远远高于目前所有的人工太阳能技术（如光伏发电、太阳能热发电等）。如果人类能够实现人工光合作用并大规模应用，则能够大大缓解人类目前所面临的化石能源短缺的现象。

“Science”杂志于2008年7月刊载：美国麻省理工学院的科学家Daniel Nocera和Matthew Kanan在实验室内再现了光合作用的过程，并通过人工催化的光合作用将水分解成了氢气和氧气。该实验的意义在于，人类从此可以用人工的方式实现光合作用（这和绿色植物的光合作用有所不同，前者仅将水分解成氢和氧，而后者则是利用水和空气中的二氧化碳合成葡萄糖和氧），从而实现太阳能的更高效的利用。

众所周知，水能够电解成氢和氧，但对通电的压力和质量要求很高，而且效率很低，只适合在某些特殊的场合（如航天领域）应用。为了提高水的电解性能，很多机构都在研究能使水在更低电压下（比如利用小型光伏电池发出的电）进行电解反应的催化剂，其中以钌和铂催化剂为主，但是价格非常昂贵，而且反应对温度和压力条件要求很高。Daniel Nocera和Matthew Kanan发明了性能更好、价格更便宜的水电解方法：他们将铟和锡氧化物做成的电极放置在钴离子和磷酸钾的水溶液中，然后通入小型光伏电池产生的电流，在通常的压力和温度下就能够实现水的电解，从而实现了在简单条件下进行人工光合作用。与常规的水电解方法相比，该方法需要的成本极低，因此极具推广潜力。

目前，该研究成果得到了广泛的关注，麻省理工学院的研究团队为此制定了“Powering the Planet”（为地球提供电力）项目，并开始了进一步的研究工作。

至于完全重现绿色植物的光合作用，即利用空气中的二氧化碳和水，在太阳光的作用下直接合成葡萄糖等有机物，并释放氧气，到目前为止受到的关注相对较少，目前仅有美国国家能源实验室和洛斯阿拉莫斯国家实验室的研究人员在进行概念验证性的实验研究，但到目前为止进展较小。

7.3.6.3 矿物或工业废物固定二氧化碳制备化工产品

用矿物与二氧化碳发生反应以实现二氧化碳的固化的方法早已为人们所知。自然界多种矿石都能够在一定条件下与二氧化碳发生反应，生成稳定的碳酸盐，从而实现二氧化碳的固定。实际上，这也是在二氧化碳地质封存理论中，能够实现二氧化碳被长期封存在地下的几种重要机制之一，只不过是发生作用最慢的一种。近年来，有人提出，是否能将矿石采集到地面上，通过人为地改变反应条件而使该反应加速，从而快速实现二氧化碳的矿化固定，在固碳反应结束后再将反应生成的新岩石回填。

尽管矿物碳酸化反应在理论上可行，但是在常温常压下矿物与二氧化碳反应的速率相当缓慢，因此如何提高固碳反应速率就成为研究的关键。

Lackner 等人首先提出了基于硅酸盐矿石（蛇纹石）的固碳工艺，工艺流程图如图 7.7 所示。固碳过程中发生的反应如下所示：

$$2HCl + 1/3Mg_3Si_2O_5(OH)_4 \rightarrow MgCl_2 + 5/3H_2O + 2/3SiO_2 \qquad (7.3)$$

$$2HCl + 1/2Mg_2SiO_4 \rightarrow MgCl_2 + H_2O + 1/2SiO_2 \qquad (7.4)$$

$$MgCl_2 + H_2O \rightarrow Mg(OH)Cl + HCl \qquad (7.5)$$

$$2Mg(OH)Cl \rightarrow Mg(OH)_2 + MgCl_2 \qquad (7.6)$$

$$Mg(OH)_2 + CO_2 \rightarrow H_2O + MgCO_3 \qquad (7.7)$$

实验结果显示，在 50 bar 和 600 ℃ 高温下，固碳反应在 30 min 内可完成 99%，而且通过减小矿物颗粒的尺寸还可以有效地降低反应压力。但是该方法存在操作困难、过程复杂和能耗高等缺点，无法用于大规模的固碳，还需要进一步的研究。

另外，O'Connor 等人研究了湿法矿物碳酸法，即在水环境下使二氧化碳和矿物发生固碳反应的机理和性能。Zevenhoven 等人研究了干法碳酸法，他们让橄榄石与混合气体（N_2 和二氧化碳的体积比为 85∶15）在高温下反应，但结果并不理想，主要是能耗太高。Roh 等人则研究了生物碳酸法，即采用工业飞灰和还原性铁细菌与 N_2 和二氧化碳混合气体在重碳酸盐溶液中进行碳酸化反应，由于该方法可以同时处理两种工业副产品——二氧化碳和飞灰，因此很有吸引力。

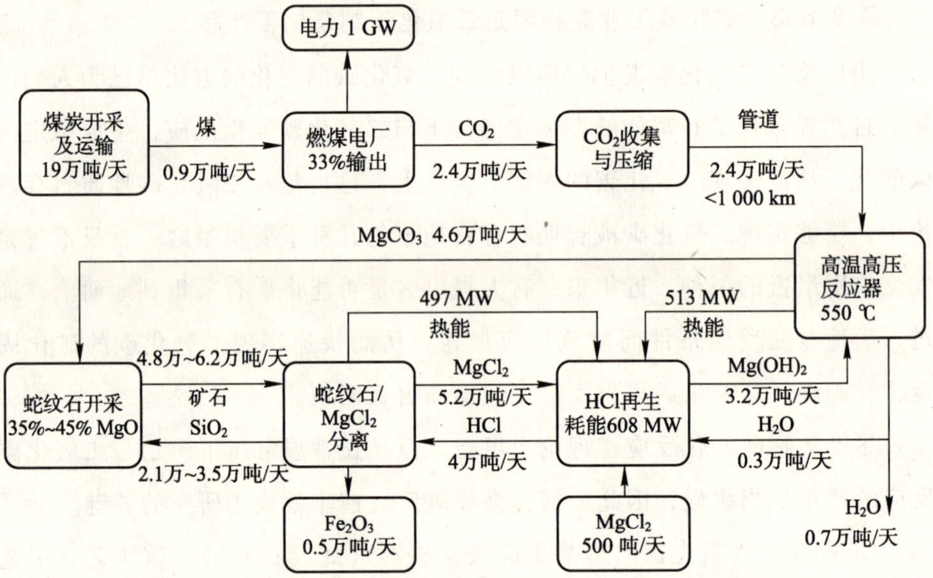

图 7.7　Lackner 等提出的使用蛇纹石的固碳系统工艺流程

尽管提出的可能的矿化固碳途径已经有很多，但到现在为止，都面临着能耗和成本过高的问题，完全达不到大规模应用的水平，还需要加紧研究降低矿化固碳能耗和成本的方法。除能耗和成本问题以外，还必须解决大量矿石的开采以及矿化后岩石的回填问题。

另外，还有人提出，能否通过岩石或一些工业废物（如炉渣等）与二氧化碳发生反应，生产出有价值的产品？这引起了很多机构的兴趣并开展了相关的研究，但是进展甚微，本书不再介绍。

7.3.6.4　二氧化碳光催化

纳米光催化技术用于治理环境污染始于 20 世纪 80 年代，如今已成为国际上最活跃的研究领域之一。二氧化碳是引发“温室效应”、造成全球变暖的主要气体，利用太阳能将其转化成化工基本原料对改善地球环境和人类生活有巨大的好处。而且光催化二氧化碳还原反应可以直接利用洁净、无价、永恒的太阳能，其体系简便易控，因此正成为人们研究的一个重要方向。近 30 年来，国际上对利用太阳能催化二氧化碳的化学反应展开了大量的研究。但由于二氧化碳具有高稳定性和惰性而难于活化，因此需要苛刻的反应条件以及高的能耗，而且化学转化普遍存在反应物转化率低、产物选择性差的问题，光催化还原技术虽然已被应用于该领域，但进展缓慢。

二氧化碳的光还原产物一般为甲酸、甲醛和甲醇，甲醇是重要的有机化工原料。随着对汽油添加剂甲基叔丁基醚（MTBE）的需求量的急剧增加，作为其原料的甲醇（MTBE 中占 36%）的需求量也随之猛增。从绿色环保和节约能源两方面考虑，光催化二氧化碳和水制甲醇是目前较为有前景的方法。近年来，人们对二氧化碳和水制备甲醇的研究也越来越多。

1979 年，Inoue 等首次报道在 Xe – Hg 灯照射下可用 WO_3、TiO_2、ZnO、CdS、GaP、SiC 等粉末材料光催化还原 CO_2，得到 HCHO、HCOOH、CH_3OH 和少量的甲烷，随后有许多科研工作者对这一目的反应进行了大量研究。

为提高二氧化碳还原反应的转化效率，人们一直致力于寻找高催化活性和高选择性的光催化剂。目前，光催化剂主要以二氧化钛、硫化物以及铁酸盐为主，再通过掺入不同的其他物质，如金属、配合物、有机物等，以提高其光催化还原二氧化碳的活性及产物的选择性。同时，运用等效串联内阻、氘代示踪、X 光电子能谱仪、俄歇电子能谱等多种手段对反应和催化剂进行跟踪检测，以期对反应机理有较为深入的理解，从而为提高光催化二氧化碳的还原效率提供理论基础。

光催化二氧化碳和水合成甲醇具有很重要的研究意义，但目前所采用的一些体系的催化效率普遍不高，对光催化还原二氧化碳的催化机理仍存在较大的争议。在今后的研究中，除了探索新型的可见光化催化剂，以提高其对太阳能的利用率外，还应加强反应机理的研究，建立催化剂尺寸、表面结构、电子能级、催化活性等之间的理论关系。这是选择高效催化剂的基础。同时应大力加强生物化学等交叉学科的研究，使得光催化二氧化碳合成甲醇反应取得突破性的进展。

结　束　语

压倒性的科学证据显示，来自化石燃料的二氧化碳排放导致了气候变化。

从1997年的《京都议定书》到2007年的《巴厘岛行动计划》，从2009年7月意大利八国峰会之后的主要经济体能源与气候论坛关于能源与气候变化的声明，再到2009年年底哥本哈根气候大会上的争论，世界各国都对气候变化表现出了高度关注，都在为应对全球气候变化进行着积极而不懈的努力。

中国是较早加入以减少温室气体排放为宗旨的《京都议定书》的国家。胡锦涛主席在2007年APEC峰会上的讲话明确表明了作为一个负责任的大国所必须承担的国际义务的立场和态度。2009年年底，中国政府又进一步承诺，到2020年，单位国内生产总值二氧化碳排放强度要比2005年下降40%～45%。

然而，中国依旧处在工业化的进程中，这决定了中国未来对能源需求的增长不可避免。虽然我国已经采取了强有力的措施发展清洁可再生能源，但“以煤为主”的能源结构在短期内仍难以改变。2008年，中国煤炭生产总量达27.2亿吨，电力生产的80%依靠煤炭，全国二氧化碳排放量达68亿吨，居世界第一。

如何在不向大气排放过量二氧化碳的前提下使用更多的煤炭？一项名为“二氧化碳捕获与封存”（CCS）的技术正在被世界各国所关注，被认为是当前最为现实的减排对策。

高度依赖燃煤的发电模式仍将持续，而CCS是目前此种模式下已知的、唯一可行的技术解决方案。燃煤、燃气发电产生的二氧化碳经过CCS技术处理后可以消除90%。要实现由高碳的发电方式向零排放发电的低碳目标转变，CCS的潜力巨大，它不仅可以减少排放，还可以提高煤炭利用率，从而有助于各国实现更大的能源安全。

目前，行业内和各国政府对 CCS 技术的可行性有着越来越多的共识。自 2000 年起，CCS 技术得到迅速发展，目前，已成为解决气候变化的重要技术之一。国际能源机构（IEA）在 2008 年世界能源展望中预测，到 2050 年 CCS 技术将对燃煤和燃气发电厂有重大贡献。各国政府也对此做出响应，纷纷设立专项资金，以供发展 CCS 技术之用。其中包括欧盟提供的 80 亿美元，澳大利亚 CCS 旗舰计划投入的 20 亿美元，以及美国奥巴马政府刺激计划中用于 CCS 的 24 亿美元。在最近刚刚通过的《美国清洁能源与安全法案》中，也特意将分派给各公司用于温室气体减排的补助中的 26% 专门用于资助 CCS 等公共项目。

需要指出的是，CCS 不仅适用于发电行业，也适合在生产过程中排放二氧化碳的其他行业，如钢铁、水泥、燃料处理、炼油等，这些大户的排放量占到二氧化碳总排放量的 24%。几十年后，在 CCS 如大家所期望的那样帮助发电行业实现脱碳之后，它可以进一步用于其他行业的脱碳。

对中国来说，发展 CCS 技术具有非常重要的意义。首先，随着气候变化的日益严峻，作为一个负责任的大国，同时也是目前二氧化碳的最大排放国，在将来的某个时间很可能会承担起绝对量的碳减排任务。CCS 是我国减少温室气体排放的重要技术选择，是节能/提高能效、发展核能和可再生能源、增加植被覆盖面积等减排手段的重要补充，因此需要尽早开始进行技术研发，为将来承担绝对量碳减排任务做好技术储备。

其次，发展 CCS 技术对我国具有重大的现实意义。例如，用捕获得到的二氧化碳替代专门生产的二氧化碳，有助于节约资源。另外，尽管目前捕获得到的二氧化碳在成本上还难于与专门生产的二氧化碳（尤其是在天然二氧化碳气藏中采得的）竞争，但随着未来捕获和处理技术的不断进步以及大规模捕获的实施，捕获得到的二氧化碳将更有成本竞争力，从而实现经济效益。更重要的一点是，将捕获得到的二氧化碳用于强化采油和强化煤层气开采，能够提高石油和煤层气资源的产量，这对于增加我国液体燃料和气体燃料的自给率、提高我国的能源安全具有重要的意义。

拓展阅读资料

2008 中国能源市场综述 [EB/OL]. [2009 - 07 - 06]. http: // www. nengyuan. net/200907/06 - 197753_3. html.

晁显玉，张宇，钟金莲. 光催化二氧化碳和水合成甲醇的研究进展. 能源技术与管理，2008(3)：105 - 107.

陈静，刘引烽，华家栋. 二氧化碳催化还原反应中的光催化剂. 化学通报，2003(3)：184 - 191.

丁民丞，吴缨. 碳捕集和储存技术（CCS）的现状与未来. 埃森哲卓越绩效研究院报告，2009.

范希良，廖新维，张组波. 水驱后油藏 CO_2 驱提高采收率与埋存实验研究. 科技导报，2009，27(6).

国际能源署. 世界能源展望 2009——执行摘要 [EB/OL]. [2009 - 4]. http: // www. cwea. org. cn/upload/2009112300001. pdf.

国家能源技术实验室. 2008 美国和加拿大碳封存图册Ⅱ. 2 版. 美国，2008.

国家能源署 [EB/OL]. [2010 - 12 - 20]. http: // www. iea. org.

经济合作与发展组织/国际能源署. 技术蓝图：碳捕获与储存. 2009.

经济合作与发展组织/国际能源署. 世界能源展望，2009——发布会报告. 北京，2009.

李荣华. 开发生产长效碳酸氢铵增强小氮肥企业活力. 中国农资，2007(10).

联合国发展计划署. 发展中国家能源使用状况. 美国，2009.

联合国政府间气候变化专家组[EB/OL]. [2010-10-5]. http://www.ipcc.ch.

联合国政府间气候变化专家组. 气候变化2007：综合报道. 美国，2007.

美国能源资料协会. 国际能源展望2009. 美国，2009.

欧洲零排放平台[EB/OL]. [2010-8-19]. http://www.zeroemissionsplatform.eu.

秦旭东，李正西，宋洪强，等. 低温甲醇洗和聚乙二醇二甲醚工艺的技术经济对比. 化工技术经济，2007(1)：44-52.

全球能源战略技术计划. 二氧化碳捕获与地质储存. 2006.

任韶然，张莉，张亮. CO_2地质埋存：国外示范工程及其对中国的启示. 中国石油大学学报（自然科学版），2010，34(1)：93-98.

邵波，赵长维，赵海光. 高炉气制取CO_2生产尿素技术总结. 化肥工业，2008，3(35).

沈平平，黄磊. 二氧化碳-原油多项多组分渗流机理研究. 石油学报，2009，30(2)：247-251.

世界煤炭协会. IEA温室气体研发计划——地下储存二氧化碳. 英国，2007.

世界煤炭协会. 保护未来：2012年之后世界碳捕获与储存融资. 2009.

世界煤炭学会[EB/OL]. [2010-7-9]. http://www.worldcoal.org.

世界资源协会. 二氧化碳捕获、运输与储存指南. 2008.

王存文，丁百泉. 溶剂甲醇过程研究Ⅱ——合成气组分在三乙二醇二甲醚中的溶解特性. 华东理工大学学报，2000，2(26).

魏敏. 煤制天然气缘何受企业追捧，需求量增大是驱动力[EB/OL]. [2009-08-20]. http://www.ce.cn/cysc/ny/trq/200908/20/t20090820_19596520.shtml.

吴道鸿. 降低按成本的Selexol溶剂法脱二氧化碳. 辽宁化工，1988(6).

吴玉新，张建胜，王明敏，等. 简化PDF模型对Texaco气化炉的三维数值模拟. 化工学报，2007，58(9)：2369-2374.

英国气候变化委员会. 建立一个低碳经济——英国对气候变化的贡献.

英国，2008.

于洪观，周丽丽，杨翠英，等. 中国煤层气采收潜力的研究. 天然气工业，2006(10)，95－98.

张军，李桂菊. 二氧化碳封存技术及研究现状. 能源与环境，2007(2)：33－35.

张晓林，张志强. 二氧化碳捕获与封存技术国际发展态势分析. 国际科学技术前沿报告2010. 科学出版社，2010.

赵飞松，段光才. 长输压力管道事故分析与预防. 办公自动化：办公设备与耗材，2005(1)：13－14.

政府间气候变化专门委员会. 二氧化碳捕集与封存——决策者摘要和技术摘要 [E/OL]. [2005－12]. http：//wenku. baidu. com/view/0123d529647d27284b7351af. html#.

中华人民共和国. 气候变化初始国家信息通报. 北京，2004.

中华人民共和国国家发展和改革委员会. 中国应对气候变化国家方案. 北京，2007.

中华人民共和国国务院新闻办公室. 中国应对气候变化的政策与行动白皮书. 北京，2008.

中华人民共和国科学技术部，国家发展改革委，外交部，等. 中国应对气候变化科技专项行动. 北京，2007.

McKinsey & Company. 碳捕获与储存：经济评估. 2008.

A european strategic energy technology plan (SET－PLAN) [EB/OL]. [2007－11－22]. http：//www. zero-emissionplatform. eu/website/docs/related%20docs/SET%20plan%20final%20com_2007_0723_en. pdf.

Action plan for achieving a low-carbon society [EB/OL]. [2008－6－29]. http：//www. kantei. go. jp/foreign/policy/ondanka/final080729. pdf&sa = U&ei = XlgxTbjSK8fXcaOs6cAH&ved = 0CBAQFjAA&usg = AFQjCNFtJ4vcUQtICkavJqw47o3LtlKDPQ.

Carbon capture and storage activities in Japan [EB/OL]. [2010－01]. http：//www. cslforum. org/publications/documents/Japan_CCS. pdf&sa = U&ei =

wzsyTdiDPMGecfHPke4H&ved = 0CA8QFjAA&usg = AFQjCNG9NMJJ-H-kBcIPvXAkMPIvmuE7wg.

Carbon Sequestration Leadership Forum. Australia's CCS technology roadmap update 2008 [EB/OL]. [2008 - 12]. http: //www. cslforum. org/publications/documents/SaudiArabia/T2_3_CSLF_PJC_DVP_Australia_Jan08. pdf.

CO_2 capture and storage (CCS): A key solution for combating climate change [EB/OL]. [2007 - 03]. http: // www. zero-emissionplatform. eu/website/docs/ETP% 20ZEP/ETP% 20ZEP% 20Roll% 20fold% 20English. pdf.

CO_2 CRC. Carbon dioxide capture & storage, R&D in Australia [EB/OL]. http: //www. co2crc. com. au/PUBFILES/GEN0304/Roadmap2004_CO2CRC. pdf.

Cool earth: Innovative energy technology program [EB/OL]. [2008 - 3 - 5]. http: //techon. nikkeibp. co. jp/english/NEWS_EN/20080306/148594.

DOE CCS roadmap updated [EB/OL]. [2011 - 01 - 12]. http: // www. carbon capture journal. com/display news. php? NewsID = 719.

DOE/NETL. Carbon dioxide capture and storage RD&D roadmap [EB/OL]. [2010 - 12]. http: // www. netl. doe. gov/technologies/carbon _ seq/refshelf/CCS Road map. pdf.

DOOLEY J J, DAHOWSKI R T, DAVIDSON C L. Comparing existing pipeline networks with the potential scale of future U. S. CO_2 pipeline networks//9th International Conference on Greenhouse Gas Contorol Technologies (GHGT9), November 16 - 20, 2008, Washington DC, USA. Energy Procedia, 2008, 1(1): 1595 - 1602.

ETP - ZEP website [EB/OL]. [2010 - 12]. http: // www. zero-emissionplatform. eu/website.

HOVORKA S D. Frio brine pilot: The first U. S. sequestration test. Southwest Hydrology, 2009(9): 26 - 31.

Intergovernmental Panel on Climate Change (IPCC) special report: Carbon dioxide capture and storage [EB/OL]. [2005 - 9]. http: // www. ipcc. ch/activity/srccs/index. htm.

ISHIBASHI M, OTAKE K, KANAMORI S, et al. Study on CO_2 removal technology from flue gas of thermal power plant by physical adsorption method. Greenhouse Gas Control Technologies, 1999: 95 – 100.

KANAN M W, NOCERA D G. In situ formation of an oxygen-evolving catalyst in neutral water containing phosphate and Co2 + . Science, 2008 (321): 1072.

LARRY P, PETER F, DEBORAH D S. Capturing CO_2 from coal-fired power plants: challenges for a comprehensive strategy. CRS Report for Congress, 2008.

LI S, DONG M, LI Z, et al. Gas breakthrough pressure for hydrocarbon reservoir seal rocks: Implications for the security of long-term CO_2 storage in the Weyburn field. Geofluids, 2005(5): 326 – 334.

MESHAL A, RIDHA G, ADEL M. Scaling immiscible displacements in porous media with horizontal wells. Transport in Porous Media, 2006(65): 89 – 105.

Midwestern Regional Carbon Sequestration Partnership (MRCSP). Midwestern regional carbon sequestration partnership phase 1 report. 2005.

MOHITPOUR M, GOLSHAN H, Murray A. Pipeline design & construction: A practical approach. 3rd ed. New York: ASME Press, 2007.

MORGAN K. Presentation to Canadian Association of Petroleum Producers (CAPP) investment symposium [EB/OL]. [2006 – 6 – 13]. http://www.capp.ca/raw.asp? x = 1&dt = PDF&dn = 104965.

NETL. Cost and performance baseline for fossil energy plants. National Energy Technology Laboratory, 2007.

OSETO K, OKATSU K. Comprehensive approach of core analysis to predict waterflooding performance in a heterogeneous carbonate reservoir//IEA Collaborative Project on Enhanced Oil Recovery 28th Annual Workshop and Symposium, Denmark, September 4 – 7, 2007.

PRESTON C, MONEA M, JAZRAWI W, et al. IEA GHG Weyburn CO_2 monitoring and storage project. Fuel Processing Technology, 2005(86): 1547 – 1568.

Report of the interagency task force on carbon capture and storage [EB/OL]. [2010 - 08]. http: // www. fe. doe. gov/programs/sequestration/ccstf/CCSTask-Force Report2010. pdf.

Safety guideline on CCS [EB/OL]. [2009 - 8 - 7]. http: // www. japan-fs. org/en/pages/029452. html.

SHELEF G A, SUKENIK A, GREEN M. Microalgae harvesting and processing: A literature review, SERI/STR - 231 - 2396. Golden Colorado: Solar Energy Research Institute, 1984.

SHINICHI T. Progress with CCS in Japan. Research Institute of Innovative Technology for the Earth (RITE), 2010.

The EU Flagship Program. The key to making CO_2 capture and storage (CCS) commercially viable by 2020 [EB/OL]. [2007 - 10 - 03]. http: // www. Zero-emissionplatform. eu/website/docs/ETP% 20ZEP/EU% 20Flagship% 20Programme% 20for% 20CCS. pdf.

The european technology platform for zero emission fossil fuel power plants (ZEP) strategic overview [EB/OL]. [2007 - 03 - 06]. http: // www. zero-emissionplatform. eu/website/docs/ETP% 20ZEP/ZEP% 20Concepts% 20Final% 20V2. pdf.

The european technology platform for zero emission fossil fuel power plants (ZEP) strategic deployment document [EB/OL]. [2006 - 11 - 24]. http: // www. Zero-emissionplatform. eu/website/docs/ETP% 20ZEP/ZEP% 20SDD% 20 - % 20draft% 2012. pdf.

TRIVEDI J, BABADAGLI T. Scaling miscible displacement in fractured porous media using dimensionless groups. Journal of Petroleum Science and Engineering, 2008, 61(2 - 4): 58 - 66.

UM B H, KIM Y S. Review: A chance for Korea to advance algal-biodiesel technology. Journal of Industrial and Engineering Chemistry, 2009(15): 1 - 7.

WOOD D J, LAKE L W, JOHNS R T. A screening model for CO_2 flooding and storage in gulf coast reservoirs based on dimensionless groups. SPE Reservoir

Evaluation & Engineering, 2008, 11(3): 513 - 520.

YANG Y F, FENG C P, INAMORI Y, et al. Analysis of energy conversion characteristics in liquefaction of algae. Resources Conservation & Recycling, 2004 (43): 21 - 33.

ZERAI B, SAYLOR B Z, MATISOFF G. Computer simulation of CO_2 trapped through mineral precipitation in the Rose Run Sandstone, Ohio. Applied Geochemistry, 2006(21): 223 - 240.